Sitzungsberichte des Plenums
und der Klassen
der Akademie der Wissenschaften
der DDR

1
1972

Gedanken von Helmholtz über schöpferische Impulse und über das Zusammenwirken verschiedener Wissenschaftszweige

AKADEMIE-VERLAG · BERLIN

Sitzungsberichte des Plenums
und der Klassen
der Akademie
der Wissenschaften der DDR

Jahrgang 1972 · Nr. 1

H. Klare / W. Albring / F. Klix / H.-J. Treder / H. Stiller
A. Kosing / R. Rompe / K.-F. Alexander / H. Grell

Gedanken von Helmholtz über schöpferische Impulse und über das Zusammenwirken verschiedener Wissenschaftszweige

AKADEMIE-VERLAG · BERLIN
1972

Vorträge gehalten von Prof. Dr. Werner Albring,
Prof. Dr. Friedhart Klix, Prof. Dr. Hans-Jürgen Treder,
Prof. Dr. Heinz Stiller, Prof. Dr. Alfred Kosing,
Prof. Dr. Robert Rompe, Prof. Dr. Karl-Friedrich Alexander und
Prof. Dr. Heinrich Grell
im Plenum der Deutschen Akademie der Wissenschaften zu Berlin
am 28. Oktober 1971

Herausgegeben im Auftrage
des Präsidenten der Akademie
der Wissenschaften der DDR
von Vizepräsident Heinrich Scheel

Erschienen im Akademie-Verlag GmbH, 108 Berlin, Leipziger Str. 3—4

Lizenznummer: 202 · 100/604/72
Herstellung: VEB Druckhaus „Maxim Gorki", 74 Altenburg
Bestellnummer: 761 755 0 (2010)/72/1 ES 18 B 1
9,— M

Inhaltsverzeichnis

H. KLARE, Präsident der Akademie der Wissenschaften der DDR

Begrüßung

Meine sehr verehrten Damen und Herren!

Unsere heutige Plenarsitzung ist der Würdigung der Persönlichkeit und der wissenschaftlichen Leistungen eines der hervorragenden Mitglieder unserer Akademie, HERMANN VON HELMHOLTZ, aus Anlaß seines 150. Geburtstages gewidmet. HERMANN VON HELMHOLTZ' wissenschaftliches Werk wurde schon zu seinen Lebzeiten von der wissenschaftlichen Öffentlichkeit anerkannt. Besonders auf den Gebieten der Physik und der Physiologie war er in zahlreichen Einzeluntersuchungen und Gesamtdarstellungen seiner Zeit weit voraus. Nicht nur das bedeutende Teilergebnis, möge es auch noch so viele Gebiete der Naturwissenschaft befruchtet und aus der Phase beobachtender und spekulativer Bearbeitung in die einer exakten Betrachtungsweise gehoben haben, ist für uns interessant. Ebenso bedeutungsvoll, meine ich, ist der sichere Blick, mit dem HELMHOLTZ die Entwicklung der Physik und vieler Naturwissenschaften beurteilt hat. Seine wissenschaftliche Persönlichkeit und seine zahlreichen bemerkenswerten Äußerungen über Voraussetzungen und Charakteristika schöpferischen Wirkens in der Forschung sowie über das unerläßliche Zusammenwirken der Fachdisziplinen, auch von Philosophie und Naturwissenschaften, sind von bleibender Aktualität. Sie führen letzten Endes mitten hinein in die Diskussion, die wir hier und heute über die Mittel und Methoden zur Erhöhung der Wirksamkeit der Forschung führen, nicht zuletzt auch veranlaßt und angeregt durch die Aufgabenstellung des VIII. Parteitages an die Wissenschaft im allgemeinen und an die Akademie im besonderen.

Die Akademie hat bereits zu HELMHOLTZ' Lebzeiten zur Würdigung hervorragender, international bedeutender Leistungen in der naturwissenschaftlichen Grundlagenforschung die HELMHOLTZ-Medaille gestiftet. Die Deutsche Akademie der Wissenschaften hat diese Tradition bewußt aufgegriffen und seit der Neustiftung der HELMHOLTZ-Medaille im Jahre 1954 diese an die bedeutenden Gelehrten OTTO HAHN, GUSTAV HERTZ, MAX von LAUE, NIELS BOHR, PAUL DIRAC, NIKOLAI BOGOLJUBOW, VIKTOR AMBARZUMJAN und VLADIMIR FOCK verliehen.

Ich darf nun Herrn ALBRING bitten, das Wort zu nehmen.

W. Albring, Ordentliches Mitglied der AdW

Gedanken von Helmholtz über schöpferische Impulse und über das Zusammenwirken verschiedener Wissenschaftszweige

Am 31. August 1821, also vor 150 Jahren, wurde Hermann Helmholtz in Potsdam als Sohn eines Oberschullehrers geboren. Er hat in einem Leben von 73 Jahren das Profil der modernen Naturwissenschaften mitgestaltet, jedoch auch viele Beziehungen zur Philosophie und zur Kunstwissenschaft hergestellt. Die Liebe zur Physik und die nicht ausreichenden wirtschaftlichen Mittel des Vaters, der eine große Familie zu ernähren hatte, waren Randbedingungen, für den jungen Helmholtz das kostenfreie militärärztliche Studium zu wählen anstelle des sonst gewählten Studiums der Physik.

Unter Einfluß seines Lehrers Johannes Müller (1801 bis 1858), der als Begründer der physikalisch-chemischen Schule der Physiologie gilt, richtete Helmholtz sein Hauptaugenmerk auf physiologische Probleme. Es war für einen jungen Mediziner, dessen besondere Interessen der Physik galten, naheliegend, daß er zu seinen ersten wissenschaftlichen Arbeiten Problemstellungen suchte, die die physikalischen Funktionen menschlicher Organe und speziell der Sinnesorgane klarstellen sollten. Untersuchungen über Stoffverbrauch bei Muskelreaktionen, über physiologische Wärmeerscheinungen waren erste Etappen dieses Weges. Auch die berühmte „Untersuchung über die Erhaltung der Kraft“, deren Ergebnisse heute dem Naturwissenschaftler als erster Hauptsatz der Thermodynamik geläufig sind, war angeregt durch eine biologische Fragestellung, die weltanschauliches Gebiet berührt. Schon der junge Student ahnte in der damaligen Lehrmeinung von einer sogenannten Lebenskraft, die nach dem Tode im Sinne der kirchlichen Ideologie als Seele den Körper verlasse, einen Widerspruch. Nachdem er in seinen Untersuchungen die quantitative Äquivalenz aller Energieformen mechanischen, elektrischen, magnetischen und chemischen Charakters festgestellt hatte, sprach er aus, daß die alte Lehrmeinung jedem körperlosen Geiste den Status eines perpetuum mobile beilege.

Nach einer kurzen Tätigkeit als Lehrer für Anatomie an der Berliner Kunstakademie war er bis zu seinem fünfzigsten Lebensjahr als Professor der

Physiologie an den Universitäten Königsberg, Bonn und Heidelberg tätig. Untersuchungen über die Fortpflanzungsgeschwindigkeit des Nervenreizes, die Erfindung des Augenspiegels zur Sichtbarmachung der Netzhaut am lebenden Auge, Untersuchungen über das Auge selbst, das Sehen, die Farbempfindungen, Arbeiten über das Hören, die Tonempfindungen, die akustischen Wirkungen der Musikinstrumente, die Entdeckung der hohen Kombinationstöne sind Früchte der physiologischen Themenstellungen. Für HELMHOLTZ sind bei diesen Untersuchungen nur die naturwissenschaftlichen Gesetze das Maß, an dem auch die Erkenntnismöglichkeit des Menschen gemessen werden muß. Er scheute sich nicht, die Güte der menschlichen Sinne zum Registrieren von Ereignissen der Umwelt kritisch zu überprüfen. Damit forderte er den Widerspruch damaliger Geisteswissenschaftler heraus, für die der Mensch selbst und sein unmittelbares Erkenntnisvermögen das Maß aller Dinge waren.

Wenn man sich klar macht, daß das menschliche Gehirn und der Nervenapparat nur weiterentwickelte Systeme sind, die auch in der Tierwelt existieren, — die natürliche Auslese optimierte sie in bezug auf Erkennen von Feinden, Ernährung und Fortpflanzung während der längsten Perioden, in denen das Leben auf unserem Planeten herrscht, Fragen nach den Grundlagen des Seins und der Beschaffenheit des umgebenden Universums tauchen erst seit einer, mit der Geschichte des Lebens verglichenen, kurzen Vergangenheit auf —, dann ist die Frage berechtigt, wie weit mit Hilfe unmittelbarer Ausdeutung der Sinneseindrücke die ursächlichen physikalischen Phänomene direkt erkennbar sind und welche Leistungen das Denkvermögen zu vollbringen hat, um die Sinneseindrücke zu ordnen. Der Biograph KÖNIGSBERGER sagte hierzu:

„Helmholtz war früh zur Überzeugung gelangt, daß so wie der Physiker das Fernrohr und Galvanometer, mit dem er arbeiten will, untersuchen und auf die Grenzen der Leistungsfähigkeit prüfen muß, der Naturforscher auch die Leistungsfähigkeit unseres Denkvermögens in den Kreis seiner Untersuchungen zu ziehen hat, um festzustellen, was er mit demselben erreichen und wann ihn dasselbe im Stich lassen kann."

Die Geschichte lehrt, daß eine allzu naive Ausdeutung von Beobachtungen der Umwelt Theologen und Metaphysiker auf falsche Fährten führte. Und es war für diejenigen, die echte naturwissenschaftliche Methoden anwandten, sehr schwer, diesen Vorurteilen entgegenzutreten: GIORDANO BRUNO wurde verbrannt, GALILEI mußte widerrufen.

Kein neues Erkennen wird ohne Widerspruch aufgenommen. HELMHOLTZ selbst sagte: „Jede tiefgreifende Veränderung der grundlegenden Prinzipien und Voraussetzungen einer Wissenschaft führt notwendig auf die Bildung neuer abstrakter Begriffe und ungewohnter Vorstellungsverbindungen, in welche sich die zeitgenössischen Leser nur langsam einleben, wenn sie überhaupt geneigt sind, sich diese Mühe zu geben. Der Sinn einer neuen Abstraktion kann erst dann als klar verstanden gelten, wenn die Art ihrer Anwendung auf die wesentlichen Gruppen von Einzelfällen, die darunter zu ordnen sind, durchdacht und richtig befunden ist. Neue Abstraktionen in allgemeinen Sätzen zu definieren, so daß nicht Mißverständnisse aller Art vorkommen können, ist sehr schwer. Dem Urheber eines solchen neuen Gedankens wird es dann meist viel schwerer, herauszufinden, warum die anderen ihn nicht verstehen, als ihm die Entdeckung der neuen Wahrheit gewesen ist."

Uns Heutigen sind Sätze folgender Art, die HELMHOLTZ niederschrieb, völlig vertraut: „Die Strahlung, welche wir bald Licht, bald strahlende Wärme nennen, wird von zwei Nervenapparaten, dem Auge und der Haut, empfunden, die Verschiedenartigkeit der Dualität der Empfindung wird nicht durch das empfundene Objekt bestimmt, sondern hängt vom Nervenapparat ab, der in Tätigkeit versetzt worden ist ... Die Erregung des Sehnerven erzeugt nur Lichtempfindungen, ob er nun von objektivem Licht, d. h. von elektromagnetischen Schwingungen[1]), getroffen werde oder von elektrischen Strömen, die man durch das Auge leitet, oder vom Druck auf den Augapfel oder von Zerrung des Nervenstammes bei schneller Bewegung des Blickes. Die Empfindung, die bei den letzteren Einwirkungen entsteht, ist der des objektiven Lichtes so ähnlich, daß man lange Zeit an eine wirkliche Lichtempfindung im Auge geglaubt hat ... Dieselben Schwirrungen, die das Auge als Licht fühlt, fühlt das Ohr als Ton. Hier ist wiederum die Verschiedenartigkeit des Eindruckes so groß, daß die Physiker sich bei der Vorstellung, Agentien, die so verschieden erscheinen wie Licht und strahlende Wärme, seien gleichartig und zum Teil identisch, erst beruhigten, nachdem durch mühsame Experimentaluntersuchungen nach allen Richtungen hin die vollständige Gleichheit ihres physikalischen Verhaltens festgestellt war ..."

Unsere Sinnesempfindung der Wärme läßt bei naiver Deutung zunächst als Wärme etwas Stoffliches vermuten. Erst die naturwissenschaftliche Forschung stellte klar, daß Wärme identisch mit Bewegungsenergie der Moleküle ist, ein Ergebnis, das nicht durch Verarbeiten des ursprünglichen speziellen Sinneseindruckes gefunden wurde, sondern durch Ausdeuten von Beobachtungen anderer Sinnesorgane und der physikalischen Theorie; der englische Arzt BROWN (1827) mußte das eigenartige Zittern von Farbteilchen unter dem Mikroskop sehen, als Etappe auf dem Wege zum Erkennen. Erst langsam lernte die Menschheit, daß sie nicht für jedes Äußern natürlicher Vor-

[1] HELMHOLTZ sprach hier noch von Ätherschwingungen

gänge ein unmittelbar aufnehmendes und ausdeutendes Sinnesorgan besitzt.

Es ist zur Geschichte dieses Komplexes zu bemerken, daß in dem Zusammenhang auch LENIN in seiner Schrift „Materialismus und Empiriokritizismus“ aus dem Jahre 1910 sich mit den philosophischen und erkenntnistheoretischen Problemen HELMHOLTZ’ sehr eingehend und zum Teil kritisch auseinandersetzte. Doch räumt er ein, HELMHOLTZ sei ein spontaner materialistischer Denker gewesen, die Realität der Außenwelt habe für ihn niemals in Frage gestanden. Über die Einordnung HELMHOLTZscher Schöpfungen in das gegenwärtige System der materialistischen Physiologie hat kürzlich unser Kollege, Herr KLIX, vorgetragen.

Zur Geschichte der physikalischen Theorie ist zu ergänzen, daß eine kinetische Gastheorie schon in einer Untersuchung von DANIEL BERNOULLI aus dem Jahre 1738 zu finden ist. Aber selbst DALTON, AVOGADRO und BERZELIUS hielten an der Vorstellung eines besonderen Wärmestoffes fest. Als Schöpfer der kinetischen Wärmetheorie wird heute allgemein CLAUSIUS durch seine Veröffentlichung aus dem Jahre 1857 angesehen. Weniger bekannt ist, daß HELMHOLTZ schon 1845, also zwölf Jahre zuvor, schrieb, daß die stoffliche Theorie der Wärme nicht aufrecht zu halten, sondern eine Bewegungstheorie zu substituieren sei.

HELMHOLTZ’ Feststellungen über die Ursachen von Sinneseindrücken sind den meistens naturwissenschaftlich erzogenen heutigen Menschen geläufig, doch von den Zeitgenossen wurde er häufig mißverstanden. Das Mißverstehen von im Grunde genommen richtigen Gedanken HELMHOLTZ’ war aber nicht nur auf die Auslegung erkenntnistheoretischer Arbeiten beschränkt; ich konnte feststellen, daß die geniale Ähnlichkeitstheorie für Strömungen, die HELMHOLTZ 1873 als Professor für Physik an der Berliner Universität schuf, von den Zeitgenossen negiert und fast ein halbes Jahrhundert vergessen war, weil ein unglücklich gewähltes Beispiel Anlaß zum Mißverstehen bot.

Der geistige Vorsprung HELMHOLTZscher Schöpfungen tritt in diesem Falle besonders klar zutage. HELMHOLTZ verfügte 1873 schon über Kenntnisse, die die übrige technische Fachwelt unabhängig von ihm, weil die Schrift unbekannt blieb, als Synthese der Ergebnisse von Einzeluntersuchungen vieler Bearbeiter erst ein halbes Jahrhundert später in vergleichbarer Form erworben hatte. Das geschah auf einem Gebiet, das durch die Entwicklung der Luftfahrt und des Schiffbaus im Zentrum der technischen Entwicklungsarbeiten lag.[1])

[1] Um die Zusammenfassung einzelner Ähnlichkeitskennzahlen zu einem System machte sich besonders M. WEBER verdient in Arbeiten aus den Jahren 1919, 1925 und 1930.

Gerade das Vergessen vieler HELMHOLTZscher Arbeiten, das denjenigen überrascht, der sich heute in die vielseitigen Untersuchungen auf dem Gebiet der Medizin, der Mathematik, der Strömungsmechanik, der Meteorologie, der Thermodynamik der Elektrotechnik wieder einliest, darf man vielleicht als typisch für Menschen ansehen, die Gedanken formuliert haben, die voll erst in einer späteren Zeit verstanden werden, wenn das allgemeine Niveau des Verstehens angehoben ist. Ein Urteil, daß HELMHOLTZ über THOMAS YOUNG aussprach, der im Anfang des 19. Jahrhunderts wirkte, den Entdecker von Elementen der Farbenlehre und der Ordnung ägyptischer Hieroglyphen, könnte ebenso auf ihn selbst bezogen werden. HELMHOLTZ sagte: „Er war einer der scharfsinnigsten Männer, die je gelebt haben, hatte aber das Unglück seinen Zeitgenossen an Scharfsinn zu weit überlegen zu sein. Sie staunten ihn an, aber konnten dem kühnen Fluge seiner Kombinationen nicht überall folgen, und so blieb eine Fülle seiner wichtigsten Gedanken in großen Folianten ... vergraben und vergessen, bis eine spätere Generation im langsamen Fortschritte seine Entdeckungen wieder entdeckte und sich von der Richtigkeit und Beweiskraft seiner Schlüsse überzeugte."

HELMHOLTZ hatte sich bei seinen physiologischen Untersuchungen auf dem Grenzgebiet zwischen Medizin und Physik immer weiter der Erforschung physikalischer Grundlagenprobleme zugewandt. Arbeiten über die Theorie der zusammengesetzten Farben (1852), über die Kombinationstöne (1856), über hydrodynamische Wirbelbewegungen (1858), Luftschwingungen in Rohren mit offenen Enden (1859), über diskontinuierliche Flüssigkeitsbewegungen und seine große Arbeit über die Tonempfindungen (1862) führten dazu, daß er in Fachkreisen mehr und mehr als Physiker angesehen und als Fünfzigjähriger auf den Lehrstuhl für Physik der Berliner Universität berufen wurde. Hier schuf er grundlegende Untersuchungen zur Strömungsmechanik, zur Meteorologie, zur Elektrotechnik und Thermodynamik. Es wäre lohnend, die Fortschritte, die HELMHOLTZ auf jedem dieser Gebiete erzielte, eingehend durch berufene Fachvertreter zu würdigen. Hier, vor dem Plenum der Deutschen Akademie der Wissenschaften, möchte ich zwei Aspekte besonders in den Vordergrund rücken, nämlich HELMHOLTZ' Gedanken über das Zusammenwirken verschiedener Wissenschaftszweige und seine Bemerkungen über geistige Produktivität. Auch hier meine ich, daß manches an Bemerkungen und Beurteilungen schon so weitschauend war, daß es für unser Jahrhundert sehr aktuell ist.

Die Akademien sind Gremien, in denen das selten gewordene Zusammentreffen von Vertretern der verschiedensten Fachdisziplinen noch gepflegt wird. In der Vergangenheit hatten deutsche Akademien, um den Gedanken eines einheitlichen Stammes aller Wissenschaftszweige besonders zu betonen, lange den Brauch beibehalten, die Universalität im wissenschaftlichen Denken ihres Gründers LEIBNIZ aus der Perspektive der verschiedensten Fachgebiete auszuleuchten und dieses zum Inhalt des Festvortrages am alljährlichen Leibniztag zu machen. Das Thema ist nicht unerschöpflich, und MAX PLANCK war der erste, der diese Tradition brach. Es wäre aber angemessen, das Schaffen von HELMHOLTZ in ähnlicher Weise, nicht nur zum 150. Geburtstag, zu würdigen, anregend für die Forscher der Gegenwart und bildend für heutige Studierende. Die Ergebnisse des HELMHOLTZschen Denkens über Heuristik, geistige Produktivität und interdisziplinäre Zusammenarbeit waren seiner eigenen Zeit so weit voraus, daß ihnen heute höchste Aufmerksamkeit gebührt. Ich möchte hier nicht nur HELMHOLTZ' Gedanken zitieren, sondern sogleich Vorschläge machen, die in Richtung einer Aktivierung der Tätigkeit von Akademien als koordinierende wissenschaftliche Gremien liegen.

Wenn hierbei der historische Aspekt besonders betont wird, so ist das in einer Periode, in der die vorausschauende Prognose gepflegt wird, etwas ungewöhnlich. Doch gehören beide Tätigkeiten, das Rückblicken und das Vorschauen, zur Kontinuität wissenschaftlicher Entwicklung. Wir stärken sogar durch das Studium des Vergangenen unsere Möglichkeit des Vorausbedenkens. Denn Vernachlässigen des Geschichtlichen läßt die Prognose unsicher werden, eingedenk der Worte des Egmont: „Wohin es geht, wer weiß es, weiß er doch kaum, woher er kam."

HELMHOLTZ betonte, daß es keine andere Methode zur Feststellung des Kommenden gibt, als die Gesetze der Tatsachen durch Beobachtung kennenzulernen. Wir können sie kennenlernen durch Induktion, durch Herbeiführung und Beobachtung solcher Fälle, die unter das Gesetz fallen, dann erst beginnt das Geschäft des Deduzierens.

Zur Wissenschaftsorganisation

In einem Vortrage, den HELMHOLTZ 1862 als Prorektor der Universität Heidelberg über das Verhältnis der Naturwissenschaften zur Gesamtheit der Wissenschaften hielt, fragte er, ob es in einer Phase der Entwicklung, da die Wissenschaften in unendlich viele Äste und Zweige gespalten sind, da kein einzelner mehr das Ganze oder einen Teil des Ganzen übersehen kann, noch einen Sinn hat, sie alle an denselben Anstalten zusammenzuhalten. Aber er warnte sogleich auch vor einem nur räumlichen Auseinanderrücken: „... denn eine Vereinigung der verschiedenen Wissenschaften ist nötig, um das gesunde Gleichgewicht der geistigen Kräfte zu erhalten. Jede einzelne Wissenschaft nimmt gewisse Geistesfähigkeiten besonders in Anspruch und kräftigt sie dementsprechend durch anhaltende Übung. Aber jede einseitige Ausbildung hat ihre Gefahr, sie macht unfähig für die weniger geübten Arten der Tätigkeit, beschränkt dadurch den Blick für den Zusammenhang des Ganzen, namentlich treibt sie zur Selbstüberschätzung ... und Selbstüberschätzung ist — das vergesse niemand, der sich den Wissenschaften widmet — der schlimmste Feind aller wissenschaftlichen Tätigkeit."

Vor allen Dingen möchte HELMHOLTZ auch Beziehungen zwischen Naturwissenschaftlern und Geisteswissenschaftlern fördern. Er sagte dazu: „Der wesentliche Unterschied zwischen Naturwissenschaft und Geisteswissenschaft beruht darauf, daß es auf dem Gebiete der Naturwissenschaft verhältnismäßig leicht gelingt, die Einzelfälle der Beobachtung und Erfahrung zu allgemeinen Gesetzen von unbedingter Gültigkeit und außerordentlich umfassendem Umfang zu vereinigen, während gerade dieses Geschäft in den Geisteswissenschaften unüberwindliche Schwierigkeiten bereitet ... Indem ich hier die Behauptung aufgestellt habe, daß namentlich in den mathematisch ausgebildeten Teilen der Naturwissenschaften die Lösung der Aufgabe ihrem Ziel näher gekommen ist als im allgemeinen in den übrigen Wissenschaften, so bitte ich nicht zu glauben, daß ich diese den Naturwissenschaften gegenüber herabsetzen will, wenn diese die größere Vollendung in der wissenschaftlichen Form voraushaben, so haben die Geisteswissenschaften ihnen voraus, daß sie einen reicheren, den Interessen des Menschen und seinen Gefühlen näher liegenden Stoff zu behandeln haben, nämlich den menschlichen Geist selbst in seinen verschiedenen Trieben und Tätigkeiten. Sie haben die höhere und schwerere Aufgabe, aber es ist klar, daß ihnen das Beispiel derjenigen Zweige des Wissens nicht verlorengehen darf, welche, des leichter zu bezwingenden Stoffes wegen, in formaler Beziehung weiter fortgeschritten sind. Sie können von ihnen in der Methode lernen und von dem Reichtum ihrer Ergebnisse sich Ermutigung holen ..."

Zu HELMHOLTZ' Empfehlungen: Keine auch nur räumliche Trennung der verschiedenen Wissenschaftszweige vorzunehmen, sondern die verschiedenen Fakultäten in den Universitäten geeint zu belassen, muß man heute beklagen, daß auf dem Boden unserer Universitäten und Akademien zwar ein räumliches Beieinander verschiedenster Wissenschaftsdisziplinen in dicht benachbarten Lehr- und Forschungsstätten beibehalten wurde, daß aber ungeachtet des räumlichen Beieinanders die geistige Trennung doch sehr tief ist und bisweilen so weit geht, daß einerseits dem gleichen Wort in unterschiedlichen Fachsprachen verschiedene operationelle Bedeutung beigelegt wird, andererseits der gleiche geistige Inhalt verschieden benannt ist. Das notwendige Vereinheitlichen der Terminologie wäre nicht nur eine philologische Aufgabe, das Herausarbeiten des Gemeinsamen würde aufs wirksamste gefördert durch neue Theorien, die bisherige Spezialisierungen nur als Beispiele eines weiterreichenden Systems einordnen.

Eine besondere Schwierigkeit ergibt sich aus der Tatsache, daß man heute noch keine quantitativen Methoden kennt, die Größe einer geistigen Leistung festzustellen und die Bedeutung einer Untersuchung und den Wert ganzer Disziplinen für den Ausbau der Gesamtwissenschaft und daraus den Nutzen für die Gesellschaft zu messen und zu bewerten. Die Gefahr ist groß, daß einerseits Arbeitsrichtungen überbewertet werden, andererseits Gruppen, deren Resultate nicht unmittelbaren technischen und wirtschaftlichen Gewinn bringen, unterbewertet oder sogar eliminiert werden, die jedoch gerade für die Entwicklung der Technik und Wirtschaft des nächsten Jahrzehnts unentbehrlich werden können. Die Akademien könnten Gremien werden, die mithelfen, derartig schwierige Bewertungen und nachfolgende Entscheidungen zu erleichtern.

HELMHOLTZ sagte zu diesem Thema: „Nicht nach dem unmittelbaren Nutzen darf gefragt werden, wie es der Ununterrichtete so gern tut. Alles, was uns über Naturkräfte oder die Kräfte des menschlichen Geistes Aufschluß gibt, ist wertvoll und kann zu seiner Zeit Nutzen bringen, gewöhnlich an einer Stelle, wo man es am allerwenigsten vermutet hätte. Als GALVANI einen Froschschenkel mit verschiedenen Metallen berührte und ihn zucken sah, hätte wohl niemand gedacht, daß 80 Jahre später Europa mit Drähten durchzogen sein würde, welche Nachrichten mit Blitzesschnelle tragen, mittels desselben Vorganges, dessen erste Äußerung jener Anatom beobachtete ... Hätte man sie liegen lassen, weil ihre Äußerung keinen Nutzen versprach, so würden in unserer Physik die wichtigsten und interessantesten Verknüpfungen der verschiedenartigen Naturkräfte untereinander fehlen. Als der junge GALILEI in Pisa während des Gottesdienstes eine schaukelnde Lampe beobachtete und sich durch Abzählen seines Pulses überzeugte, daß die Dauer der Schwingungen unabhängig von der Größe der Schwingungsbögen sei, wer konnte sich denken, daß diese Entdeckung dazu führen würde, mittels der Pendeluhren eine damals für unmöglich gehaltene Feinheit der Zeitmessung zu erreichen ...? ... Wer bei der Verfolgung der Wissenschaft nach unmittelbarem Nutzen jagt, kann ziemlich sicher sein, daß er vergeblich jagen wird. Vollständige Kenntnis und vollständiges Verständnis des Waltens der Natur- und Geisteskräfte ist es allein, was die Wissenschaft erstreben kann ..."

Erfahrungsgemäß erfolgt das Entdecken eines Effektes und das technische und wirtschaftliche Nutzen durch verschiedene Menschen. HELMHOLTZ schuf die Wirbelsätze, PRANDTL verwendete sie zur Tragflügeltheorie der Flugzeuge. FARADAY und MAXWELL schufen die Grundlagen der modernen Elektrotechnik, der Elektromotor und der Rundfunk wurden von anderen Menschen entwickelt.

Heute müssen wir uns klarmachen, daß das Zusammenführen von Entdecker und Nutzer ein gesellschaftlicher Prozeß ist, vergleichbar mit einem Mischvorgang in einer Flüssigkeit, in der mehrere Komponenten chemisch miteinander reagieren sollen. Überläßt man den Ablauf der natürlichen Diffusion, so dauert im allgemeinen die Reaktion lange, sie wird abgekürzt durch künstliches Mischen.

Um schnelles Aufgreifen eines Forschungsergebnisses zu ermöglichen, muß der Grundlagenforscher seine Ergebnisse in einer anwendungsbereiten, leicht verständlichen Form vorlegen. Eine Schrift ist unvollkommen und unvollständig, wenn sie im Gebiet hoher Abstraktionen endet. Von dort aus hat der Bearbeiter den Gedankenweg zur Umgangssprache zurückzuführen. Leider ist das heute nicht üblich. Mit einem Aufsatz in einer Fachzeitschrift wendet sich der Autor kaum an die vielen tausend Abonnenten der Schrift, sondern ganz bewußt nur an einen kleineren Kreis von manchmal nur einem Dutzend Fachkollegen, die sich in seiner Spezialsprache zurechtfinden.

Sehr viele Veröffentlichungen basieren heute auf Spezialistenabstraktionen. Sie sind für den großen Kreis von Abonnenten ziemlich wertlos und entbehrlich. Dagegen wären die selten gewordenen zusammenfassenden Darstellungen von Leitern wissenschaftlicher Kollektive in einer leicht faßlichen Sprache zu fördern.

Damit hängt zusammen, beim Auswerten heutiger Zeitschriftenaufsätze die Fähigkeit zu entwickeln, das wenige Gute schnell aufzufinden, und sich zu hüten, in einer Flut mittelmäßiger Publikationen zu ertrinken.

Es wäre zu empfehlen, zwei Arten wissenschaftlicher Publikationen herauszugeben: Archivmaterial für die engen Fachgenossen mit geringer Auflagenhöhe (Größenordnung nur 100) und Informationen für größere Kreise im Stile von Helmholtz' Vorträgen und Reden. Man muß erstreben, aus abstrakten wissenschaftlichen Formulierungen wieder Sätze herzuleiten, die die wissenschaftliche Umgangssprache bereichern. Solche Leistungen haben die Wissenschaftler der Vergangenheit vollbracht. Man denke an den Satz: Die Summe der einem System von außen zugeführten Wärme und der von außen zugeführten Arbeit ist gleich der Zunahme der inneren Energie, und an die Feststellung: Eine Energieform kann in eine andere überführt werden. Derartige Formulierungen gelangen erst, nachdem von naturwissenschaftlicher Seite Gewißheit erlangt war. In der Phase der Erkundung, als noch Forscher über die Zusammenhänge nachdachten und um Begriffsbildungen rangen, war das nicht möglich. Als D. Bernoulli diese Zusammenhänge auf dem Teilgebiet der Strömungsmechanik feststellte, waren seine Darlegungen ohne mathematische Begriffe nicht formulierbar und ohne mathematische Kenntnisse nicht verständlich.

Die endgültigen sprachlichen Formulierungen fördern aber das Denken im Sinne einer Rationalisierung wissenschaftlicher Methoden.

Ein gut erprobtes Verfahren, Forschungsergebnisse an die künftigen Anwender zu übermitteln, sind die Lehrveranstaltungen — auch die postgradualen Unterweisungen — an den Hochschulen. Bedenkt man aber, daß nur ein sehr kleiner Prozentsatz der Forschungsarbeit eines Landes an Hochschulen geleistet wird, dann sollten auch die Bearbeiter aus zentralen Forschungsstätten und industriellen Laboratorien angehalten werden, für eine entsprechende Verbreitung zu sorgen. Man darf hierbei keine engen Grenzen der Fachgebiete ziehen, weil es im voraus nicht bekannt ist, zwischen welchen Partnern es zur gewünschten Symbiose von Forschung und Anwendung kommt. Die interdisziplinären Informationen dürfen nicht eng begrenzt werden. Es wäre ein Akt geistiger Inzucht, wollte man z. B. die Probleme der Technologen oder die der Mediziner nur von den etikettierten Absolventen dieser Fachrichtungen lösen lassen. So verfügt z. B. der durchschnittliche Mediziner über viel reichere Erfahrung an manueller Praxis und unmittelbarer Beobachtung als der durchschnittliche Ingenieur, dieser hingegen ist z. B. in der theoretischen Durchdringung von Fließ- und Diffusionsprozessen, die gerade im lebenden Organismus eine bedeutende Rolle spielen, geübter als der praxisbetonte Mediziner.

Wer solche Vorschläge durchdenkt, wird mit Sicherheit einwenden, daß die heutigen Ingenieure und Wissenschaftler schon so stark belastet sind, daß unmöglich noch neue Aufgaben übernommen werden können. Man wird darauf aufmerksam machen, daß hochqualifizierte geistige Arbeiter in leitender Stellung vor etwa zwanzig Jahren für vier Stunden Forschungsarbeit eine Stunde Arbeit der Organisation und Verwaltung widmen mußten, daß wir in der Gegenwart schon bald eine Umkehr dieses Zahlenverhältnisses erreicht haben, wobei nur ein Fünftel für diejenige Tätigkeit bleibt, von der allein eine Nutzung nach außen und ein Fortschritt der Gesellschaft erreicht werden kann. Ein Übermaß an Verwaltungsarbeit, geleistet von wissenschaftlichen Kräften, bedeutet einen schlechten Wirkungsgrad der Arbeit: Der Anteil nutzbarer Arbeit am gesamten Aufwand ist zu gering.[1]) Auch hier sinnvoll lenkend einzugreifen und Vorschläge zum Verändern zu machen, wäre eine Aufgabe für Akademien, mit der Zielstellung, Wissenschaftler vor einem Zuviel an Verwaltungsarbeit zu schützen und ihnen die Möglichkeit zum interdisziplinären Austausch zu erleichtern.

Sehr aktuell klingen folgende mahnende Sätze von HELMHOLTZ: „... Jeder Einzelne muß aber wissen, daß er nur im Zusammenhang mit den anderen das

[1] Das Wort Wirkungsgrad ist hier im Sinne des Begriffes aus der Mechanik benutzt.

große Werk weiter zu fördern imstande ist und daß er selbst verpflichtet ist, die Ergebnisse seiner Arbeit den übrigen möglichst vollständig und leicht zugänglich zu machen. Dann wird er die Unterstützung finden bei den anderen und wird ihnen wieder seine Unterstützung leihen können ... diese Beziehung aller Forscher und aller Zweige des Wissens zueinander und zu ihrem gemeinsamen Ziele stets in lebendigem Zusammenhang zu erhalten, das ist die große Aufgabe der Universitäten ..."

Wenn auch heute die Aufgaben des interdisziplinären Austausches und Zusammenwirkens schwieriger geworden sind, so ist aber ihre Notwendigkeit unbestritten bestehengeblieben. Man muß Tendenzen entgegenwirken, daß sich Universitäten und Akademien nur zu einem losen Verband von Spezialisten-Teams verschiedenster Fachgebiete entwickeln, die ohne geistigen Austausch nebeneinanderwirken.

Heute wird das notwendige Einfügen und Einordnen des Individuums in das Kollektiv anerkannt und praktiziert, aber unsere Probleme lauten nun, auf höherer Ebene auch Gruppen von geistig Arbeitenden mit anderen Gruppen Kontakte aufnehmen zu lassen. Die Fachrichtungen sollen sich zueinander nicht wie Einzelgänger betragen.

Die Entwicklung der technischen Zivilisation wird mit Irrungen auf vielen Umwegen verlaufen, wenn sie nicht durch den menschlichen Geist gelenkt wird. Ich möchte aber auch aussprechen, daß diese Gedanken ausführlich diskutiert und als Forschungsaufgaben in allen Konsequenzen geprüft und weiterentwickelt werden müssen, ehe operationelle Verwaltungsanweisungen aufgestellt werden können.

Bei einem fruchtbaren Austausch verschiedenster geistiger Fachrichtungen wird es aber gerade zu dem kommen, was die hohen staatlichen Leiter als wichtigste Aufgabe ansehen, nämlich zum schnellen Einführen von Forschungsergebnissen in die Praxis.

Die HELMHOLTZsche Mahnung, den Zusammenhang zwischen den verschiedenen Wissensgebieten nicht zu vernachlässigen und den interdisziplinären Austausch zu fördern, wäre nur dann für unsere Zeit bedeutungslos und veraltet, wenn wir dem Aufspalten des Wissens in viele Teilgebiete untätig zusehen wollten. Das Aufspalten ist stets in einer Phase der erkundenden Forschung angebracht, sind Zielstellungen erreicht, so können Zurückführungen zum Hauptstamm erfolgen. Der Baum des Wissens darf nicht wild wuchern, die Gesellschaft hat nicht mehr nötige Zweige wie ein pflegender Gärtner zu beschneiden. Ich möchte nur an ein Beispiel unter vielen erinnern — einen Zusammenhang, auf den HELMHOLTZ als erster aufmerksam machte —, daß nämlich die Wissensgebiete Hydrodynamik, Thermodynamik, Elektrodynamik und Magnetodynamik durch die Potentialtheorie über weite

Bereiche Verbindungen in den Grundlagen haben, so daß hier durch ein Lehrfach Potentialtheorie Zusammenfassungen in der Lehre denkbar wären.

Darüber hinaus stehen wir am Beginn einer Entwicklung, in der große Teile der sogenannten angewandten Wissenschaften überall dort, wo sie zu numerischen Aussagen angesetzt werden, durch die Verfügbarkeit von Rechenautomaten, auch für denjenigen zugänglich und aussagefähig werden können, der sie nicht speziell studiert hat, wohl aber im physikalischen Denken geschult ist. Mediziner berechnen heute die Auflösung von Medikamenten im Magen, den Transport durch die Darmwände und die Diffusion ins Blut ohne spezielle Kenntnisse auf dem Gebiet der Strömungsmechanik, weil ihnen von Spezialisten Automaten-Programme ausgearbeitet wurden, in die sie nur ihre speziellen Eingabewerte einzusetzen brauchen. Das ist nur ein Beispiel. Es ergibt sich der Ausblick auf entsprechende Entwicklungen, bei denen für viele Anwender ganze Wissensgebiete ebenso leicht verfügbar werden, wie jedermann einen Radioapparat einschalten kann, auch ohne Kenntnisse seiner elektronentechnischen Funktionen. Ich erwarte, daß man künftig weniger Studierende auf dem Gebiet der spezialisierenden Wissenschaft ausbildet, und zwar nur diejenigen, die die Forschung vertiefen sollen, den größeren Kreis der Nutzer wird man verstärkt im Grundlagenwissen bilden.

Impulse zur Forschungsarbeit und Anregungen zur Produktivität

Der mögliche Fortschritt wissenschaftlicher Untersuchungen wird stark durch den Stand der gesellschaftlichen Entwicklung beeinflußt. Im vorigen Jahrhundert waren viele Begriffe über Lebensvorgänge durch religiöse Vorurteile geprägt und durch Tabus der Konvention abgesichert. Das ließ sich besonders im klerikal katholischen Frankreich und im puritanischen England feststellen, während in Deutschland, hervorgerufen durch traditionelles Miteinanderleben von Katholiken und Protestanten, eine relative Duldsamkeit auf einem schmalen Sektor bestand, die HELMHOLTZ nutzen konnte. In einer 1869 gehaltenen Rede „Über das Ziel und die Fortschritte der Naturwissenschaften" sagte er:

„Gerade in der Physiologie war die wissenschaftliche Arbeit durch die Zweifel an der notwendigen Gesetzlichkeit, daß heißt also an der Begrifflichkeit der Lebenserscheinungen, von lähmendem Einfluß gewesen, und derselbe erstreckte sich natürlich auch auf die von der Physiologie abhängende praktische Wissenschaft, die Medizin ... Während in der Erforschung der unorganischen Natur die verschiedenen Nationen Europas ziemlich gleichmäßig vorschritten, gehört die neue Entwicklung der Physiologie und

Medizin vorzugsweise Deutschland an ... Auch in England und Frankreich gibt es ausgezeichnete Forscher, welche mit voller Energie in dem rechten Sinne der naturwissenschaftlichen Methoden zu arbeiten im Stande wären, aber sie mußten sich bisher fast immer beugen vor gesellschaftlichen und kirchlichen Vorurteilen, und konnten, wenn sie ihre Überlegungen offen aussprechen wollten, dies nur zum Schaden ihres gesellschaftlichen Einflusses und ihrer Wirksamkeit tun. Unser Land ist kühner vorgegangen, es hat das Vertrauen gehabt, welches noch nie enttäuscht worden ist, daß die vollerkannte Wahrheit auch ein Heilmittel mit sich führt gegen die Gefahren und Nachteile, welche halbes Erkennen der Wahrheit hier und da zur Folge haben mag." An anderer Stelle kritisierte HELMHOLTZ, daß ein so bedeutender Forscher wie CHARLES DARWIN, dessen Lehre von der Entstehung der Arten er sofort zustimmte, in England kein öffentliches Lehramt bekam und überhaupt nur deshalb forschen konnte, weil er von einer Erbschaft lebte.

Die Arbeitsweise

Keine Entwicklung der Gedanken läuft so geradlinig wie sie in der Endfassung einer wissenschaftlichen Arbeit dargestellt wird. Der forschende Mensch hat keine andere Möglichkeit als die, der auch die natürliche Entwicklung folgt: Das ist die Methode des Versuches, der kritischen Überprüfung und der Korrektur von Irrtümern. Der Weg zu den Resultaten ist stets ein geschlängelter, wesentlich ist nur, daß er in der Endphase der Untersuchung gedanklich gestreckt wird. Die Mäander des Pionierpfades sollen durch einen geraden Gedankenweg gekürzt werden. Derjenige Wissenschaftler arbeitet am erfolgreichsten, der beim Weiterschreiten zu hochgesteckten Zielen die wenigsten Wirbel zu durchlaufen hat. Daß selbst HELMHOLTZ seine Resultate nicht auf geradestem Wege fand, hat er freimütig ausgesprochen: „Aber der Stolz, den ich über das Endresultat in diesen Fällen hätte empfinden können, wurde beträchtlich herabgesetzt dadurch, daß ich wohl wußte, wie mir die Lösung solcher Probleme fast immer nur durch allmählich wachsende Generalisation von günstigen Beispielen, durch eine Reihe glücklicher Einfälle nach mancherlei Irrfahrten gelungen war. Ich mußte mich vergleichen mit einem Bergsteiger, der, ohne den Weg zu kennen, langsam und mühselig hinaufklimmt, oft umkehren muß, weil er nicht weiter kann, bald durch Überlegungen, bald durch Zufall neue Wegspuren entdeckt, die ihn wieder ein Stück vorwärts leiten, und endlich, wenn er sein Ziel erreicht, zu seiner Beschämung einen königlichen Weg findet, den er hätte hinauffahren können, wenn er gescheit genug gewesen wäre, den richtigen Anfang zu finden. In meinen Abhandlungen habe ich natürlich dann nicht den Leser von meinen Irrfahrten unterhalten, sondern ihm nur den gebahnten Weg beschrieben, auf dem er jetzt ohne Mühe die Höhe erreichen mag."

Trotzdem muß der heutige Leser HELMHOLTZscher Arbeiten bewundernd bemerken, daß etwa 200 Arbeiten in fünfzigjährigem Schaffen auch zeigen, daß HELMHOLTZ jede seiner tiefsinnigen Untersuchungen ziemlich schnell durchführte. Vergleicht man den Stil der HELMHOLTZschen Arbeiten mit den heutigen Schriften, dann erkennt man die große Fähigkeit HELMHOLTZ' im Erspähen von Problemen und im Entwerfen unkonventioneller Lösungswege. Sein Freund DU BOIS REYMOND sprach von HELMHOLTZ' unübertroffenem Geschick, diejenigen Fragen aufzufinden und zu beantworten, die an jedem Punkt gerade die wichtigsten waren und deren Behandlung den besten Erfolg versprach.

„Das Geheimnis seiner auch in der Fülle der Erzeugnisse beispiellosen Produktivität lag in seinem unermüdlichen Fleiße und seiner Fähigkeit, die ungeheure Mannigfaltigkeit von Tatsachen und Gedanken stets gegenwärtig und gleichsam zum Zugreifen und zum Verwerten bereit zu halten." DU BOIS REYMOND schließt mit der Bemerkung: „Daß diese Eigenschaft, verbunden mit einer wissenschaftlichen Erfahrung und einem geistigen Überblick ohnegleichen, ihn auch zu einem der wirksamsten Lehrer machte, versteht sich von selbst."

Heute ist es uns noch sehr unklar, welche Arbeits- und Umweltbedingungen förderlich für die geistige Arbeit sind. Es wird auch noch ein langer Weg zurückzulegen sein, bis eine Einsicht in die Notwendigkeit einer Optimierung von Arbeitsbedingungen heranreift und bis die Optimierung selbst durchgeführt wird.

HELMHOLTZ war sich über die Bedeutung dieser Problematik im klaren und bemühte sich, Selbstbeobachtungen weiterzugeben. Er sagte: „Da ich ziemlich oft in die Lage kam, auf günstige Einfälle harren zu müssen, habe ich darüber, wann und wie sie mir kamen, einige Erfahrungen gewonnen, die vielleicht auch anderen nützlich werden können ... Arbeit allein kann die lichtgebenden Ideen nicht herbeizwingen ... Nur das ist sicher: Dem, der das Leben nur zwischen Büchern und Papieren kennengelernt hat, und dem, der durch einförmige Arbeit ermüdet und verdrossen ist, kommen sie nicht. Die Empfindung von Lebensfülle und Kraft muß da sein, wie sie vor allem das Wandern in der reinen Luft der Höhen gibt." Und an anderer Stelle können wir lesen: „Soweit meine Erfahrung geht, kamen günstige Einfälle nie dem ermüdeten Gehirn und nicht am Schreibtisch. Ich mußte immer erst mein Problem nach allen Seiten soviel hin und her gewendet haben, daß ich alle seine Wendungen und Verwicklungen im Kopfe überschaute und sie frei, ohne zu schreiben, durchlaufen konnte ... Besonders gern kamen die guten Gedanken bei gemächlichem Steigen über bewaldete Berge in sonnigem Wetter."

Beziehungen zwischen Kunst und Wissenschaft

Ich möchte noch einen anderen Aspekt der HELMHOLTZschen Denkweise besprechen, nämlich seine Stellung zur Kunst. Nicht nur das Einordnen von Geisteswissen und Naturwissen beschäftigte ihn, sondern gerade auch das der künstlerischen Betrachtungsweise. Das Geistesleben wird nicht nur durch das kühle Denken, sondern auch durch das künstlerisch Erregende bestimmt. Wissenschaftliche Untersuchungen kann man zwar über weite Strecken durchführen ohne das Emotionelle, aber im Leben der Gesellschaft spielen diese Regungen eine bedeutende Rolle. Zielsetzungen einer großen Gemeinschaft werden durch die Kunst der Rede, der Prosa, des Dramas viel wirksamer unterstützt als durch nüchterne Beweise. Und schließlich sind nicht nur die Akte wissenschaftlicher Entdeckung, technischer Erfindung und künstlerischer Schöpfung einander geistig verwandt, auch die Arbeit des Dichters, Typisches treffend zu formulieren, ist ein Vorgang, der dem Abstrahieren vom Unwichtigen und einem Beschränken auf Haupteffekte bei naturwissenschaftlichen Untersuchungen entspricht. Doch die Unterschiede dieser geistigen Regungen treten dann besonders deutlich hervor, wenn der Künstler mit seinen Methoden naturwissenschaftliche Forschung treiben will oder wenn der Wissenschaftler seine eigene Arbeitsweise dem Künstler empfiehlt.

Wir lesen bei HELMHOLTZ: „Kunst und Wissenschaft sind ja in allen äußeren Beziehungen und in der Methodik sehr verschiedene Gebiete; sonst muß ich doch sagen, daß ich von der tiefen inneren Verwandtschaft der Kunst und Wissenschaft überzeugt bin. Auch die Kunst sucht uns Wahrheiten zu verkünden, psychologische Wahrheiten, wenn auch in ganz anderer Form sinnlicher Erscheinungen und nicht in Form des Begriffs. Aber schließlich wird sich bei vollendeter Erscheinung ja auch die begriffliche Fassung finden müssen, und beide werden schließlich vereint zusammenwirken."

Besonders reizvoll war es für HELMHOLTZ, aus diesem Blickwinkel das Schaffen JOHANN WOLFGANG GOETHES zu durchdenken. HELMHOLTZ erblickt das Wesentliche der dichterischen wie jeder künstlerischen Tätigkeit darin, die Idee nicht als Resultat einer Begriffsentwicklung hervortreten zu lassen, sondern das künstlerische Material zum unmittelbaren Ausdruck der Idee zu machen. GOETHE preist die Versuche, die man im klaren Sonnenschein unter freiem Himmel anstellen kann, im Gegensatz zu den Spalten und Gläsern NEWTONS. GOETHE kann nach Ansicht von HELMHOLTZ nur da behaglich verweilen, wo er die Wirklichkeit selbst vollständig poetisch gestempelt hat. Darin liegt die eigentümliche Schönheit seiner Dichtung, und darin liegt auch gleichzeitig der Grund, warum er gegen den Mechanismus, der ihn jeden Augenblick in seinem poetischen Behagen zu stören droht, kämpfend auftreten muß und den Feind in dessem eigenen Lager anzugreifen sucht, wie in der Auseinandersetzung mit NEWTONS Farbenlehre. HELMHOLTZ aber meint: „Wir können den Mechanismus der Materie nicht dadurch besiegen, daß wir ihn wegleugnen, sondern dadurch, daß wir ihn den Zwecken des sittlichen Geistes unterwerfen. Wir müssen seine Hebel und Stricke kennenlernen, um sie nach unserem eigenen Willen regieren zu können, und darin liegt die große Bedeutung der physikalischen Forschung für die Kultur des Menschengeschlechtes und ihre volle Berechtigung begründet. Wenn auch GOETHE in seinen physikalischen Untersuchungen vielfach fehlgegangen ist, so hat er sich nach HELMHOLTZ' Ansicht doch in seinen botanischen und osteologischen Arbeiten so unbestrittene Verdienste erworben, daß man ihn unbedenklich auch zu den großen Naturwissenschaftlern zählen darf. GOETHE hat nach HELMHOLTZ' Worten Großes geleistet, indem er ahnte, daß ein Gesetz vorhanden sei, dessen Spuren er scharfsinnig verfolgte, wenn er auch das Gesetz selbst weder erkannte noch suchte, da er stets die Ansicht festhielt, „daß die Natur ihre Geheimnisse selbst darlegen müsse, daß sie die durchsichtige Darstellung ihres idealen Inhaltes sei ...".

HELMHOLTZ schließt, daß überall dort, wo es sich um Aufgaben handelt, die durch in Anschauungsbildern sich ergebende dichterische Divination gelöst werden können, sich der Dichter der größten Leistungen fähig zeigte, aber wo nur die bewußte induktive Methode hätte helfen können, dort ist er gescheitert.

Wir müssen bedenken, daß etwas Gemeinsames zwischen wissenschaftlicher Arbeit und künstlerischer Form sich auch bei der wünschenswerten leicht eingänglichen und ansprechenden Form der darstellenden Berichterstattung einstellen kann. HELMHOLTZ sprach davon, daß zum verständlichen Unterrichten über neue Erkenntnisse eine Art künstlerischer Fähigkeit gehört.

Bei GOETHE war diese Fähigkeit natürlich besonders stark ausgebildet. Man lese einmal seinen Versuch einer Witterungslehre (1825), den man heute inhaltlich sofort als falsch ablehnen wird. GOETHE vermutete als Ursache der barometrischen Schwankungen ein Pulsieren der Schwerkraft. Aber in welcher beneidenswerten schönen sprachlichen Form entwickelt er seine Gedanken!

Wir heute Lebenden müssen uns über unsere besonderen verpflichtenden Aufgaben klar werden. Wir gehören zu den ersten Generationen von Menschen, für die das Problem des Abstimmens und des Zusammenwirkens von Wissenschaftsdisziplinen untereinander und auch mit den künstlerischen Bereichen so drängend geworden ist, daß ihr Zusammenspiel nicht mehr dem Selbstlauf überlassen werden darf. Es handelt sich hier nicht um Aufgaben, die man aufgreifen oder auch liegen lassen kann. Das heutige gewaltige Instrumentarium schöpferischer und geistiger Potenzen braucht diese Ordnung, um den Wirkungsgrad der nutzbaren geistigen Arbeit zu verbessern. Und beste Unterstützung auf diesem Wege werden wir in vielen Äußerungen von HERMANN HELMHOLTZ finden, der im Alter von 46 Jahren als korrespondierendes Mitglied in unsere Akademie kam; im Jahre 1871 ordentliches Mitglied wurde, dessen Schaffen seine Zeitgenossen schon so hoch bewerteten, daß aus Anlaß seines 70. Geburtstages die höchste wissenschaftliche Auszeichnung der Akademie, die Helmholtz-Medaille, gestiftet wurde. HELMHOLTZ erwiderte damals: „Es ist die stolzeste Ehre, die Sie mir erweisen können, insofern Sie mir dadurch Ihr unbedingt günstiges Urteil zu erkennen geben; aber es würde an Vermessenheit grenzen, wenn ich sie annähme, ohne die stille Erwartung, daß die Preisrichter künftiger Jahrhunderte sich frei von den Rücksichten auf meine zeitliche Persönlichkeit machen würden."

HELMHOLTZ gehörte zu den selten auftretenden Menschen, die schöpferische Leistungen auf vielen Wissensgebieten vollbrachten. Aber durch das Erreichen eines hohen Standpunktes, von dem aus der Einblick in die verschiedensten Werkstätten geistiger Tätigkeit gelingt, wird die geistige Arbeit selbst rationalisiert: Erfahrungen eines Anwendungsgebietes stehen zum Lösen analoger Problemstellungen in anderen Sparten bereit. Wir sollten das ehrende Erinnern an den großen Wissenschaftler nicht auf das Bewundern seiner Werke beschränken, sondern Zielstellungen erarbeiten, um das, was sich an Fortschritt als Folge der Wissenschaftsverbindung in der Arbeit eines Menschen fügen ließ, als Modellfall zu studieren, um es anzuwenden auf ein erstrebenswertes Zusammenwirken und Erfahrungstauschen vieler Sparten der geistigen Arbeit.

F. Klix Ordentliches Mitglied der AdW

H. v. Helmholtz' Beitrag zur Theorie der Wahrnehmung

Einleitend werde ich erläutern, worin der Gegenstand der Wahrnehmungstheorie besteht. Danach möchte ich begründen, weshalb sich Helmholtz über Jahrzehnte hinaus so intensiv gerade mit diesem Gegenstandsgebiet befaßte. Schließlich und im Hauptteil meiner Ausführungen will ich einige der bedeutendsten Resultate seiner Forschungsarbeit vorstellen und erläutern.

1. Worin liegt der Gegenstand der Wahrnehmungstheorie?

Das Grundproblem ist ganz einfach. Alle Körper der Erdoberfläche, also auch die in der Umgebung eines wahrnehmungsfähigen Organismus befindlichen, haben die Eigenschaft, Prozesse zu erzeugen oder zu verändern, die sich ausbreiten. Mit der Erzeugung bzw. Veränderung gehen ihre Eigenschaften in diese Prozesse ein. Sie werden zu Trägerprozessen von Information. Wenn derartige Vorgänge eine bestimmte Energieschwelle überschreiten, regen sie die Sinnesorgane wahrnehmungsfähiger Organismen an. Dabei werden die Energieschwankungen der Trägerprozesse in Nervenimpulse (nach einer Impulsratenzeitfunktion) umgewandelt und dem Nervensystem zugeleitet. Dort entstehen Empfindungen und Wahrnehmungen, die den Körpern in der Umgebung in bestimmter Weise ähnlich sind. Wie nun, so lautet die Frage, kommen die Organismen dazu, aus den Energieverteilungen jener physikalischen Prozesse, die die Rezeptorzellen der Sinnesorgane anregen, ein Bild von den Körpern in der Umgebung zu rekonstruieren? Dies eben ist das Grundproblem der Wahrnehmungstheorie.

2. Helmholtz' Beschäftigung mit diesem Gegenstand

v. Helmholtz hat diese Frage jahrzehntelang beschäftigt. Er hat zahlreiche der darin eingeschlossenen Probleme einer wissenschaftlichen Bearbeitung zugänglich gemacht und dabei viele der bis heute bedeutendsten Forschungsresultate erzielt. Sie sind in seinem Hauptwerk, der dreibändigen Physiologischen Optik, sowie in seinem Buch „Analyse der Tonempfindungen" niedergelegt. Was aber war der Beweggrund für HELMHOLTZ, sich diesen Fragen über Jahrzehnte hin zuzuwenden?

Indem wir dies aufklären, gewinnen wir einen Blick in die Art der Problemsicht dieses gewaltigen Denkers und genialen Experimentators, dessen ganze Leidenschaft der Aufklärung des Unbekannten, des Widerspruchsvollen gerade an den fortgeschrittensten Stellen des Wissens seiner Zeit gewidmet war, eines Wissens, dessen Umfang er wie kein anderer zu bereichern und zu vertiefen vermochte.

Was also war der Beweggrund für HELMHOLTZ' Beschäftigung mit der Wahrnehmungstheorie?

Als junger Mediziner war HELMHOLTZ Assistent des bedeutendsten Anatomen, Physiologen und vergleichenden Biologen seiner Zeit: JOHANNES MÜLLER. MÜLLER war weit über die spekulativ-vitalistischen Ansätze in der Biologie des achtzehnten Jahrhunderts hinausgelangt. Er hatte u. a. gefunden, daß die Wirkung der Nervenerregung und der Nervenleitung von der Art der ursprünglichen Reizung am Rezeptor relativ unabhängig ist. MÜLLER konnte zeigen, daß — wie immer z. B. der optische Rezeptor gereizt wird, ob durch Strahlung oder Schlag oder Elektrizität — als Resultat immer Lichtempfindungen entstehen. Soweit der Befund. Er verleitete JOHANNES MÜLLER zu einer ebenso folgenschweren wie irrigen Verallgemeinerung, die er im sogenannten Gesetz von der spezifischen Sinnesenergie ausdrückte. Dies besagt: Wenn die Nervenerregung vom auslösenden Reiz unabhängig ist, dann sind die im Nervensystem entstehenden Empfindungen nicht Abbilder der uns umgebenden Wirklichkeit, sondern eine Schöpfung unseres Nervensystems. Damit waren dem erkenntnistheoretischen Agnostizismus Tür und Tor geöffnet. Idealistische Philosophen benutzten diese spekulative Verallgemeinerung zum Ausbau des KANTschen Apriorismus. Ideen über eine prästabilierte Harmonie zwischen Naturereignissen und Wahrnehmungswelt erhielten neuen Nährboden. Diese MÜLLERsche These hat HELMHOLTZ sein Leben lang bewegt. Sie verursachte Widersprüche in seinem Weltbild, deren Lösung er in einer experimentell begründeten Wahrnehmungstheorie suchte. Diese Widersprüche rührten wohl von seiner Doppelstellung als Sinnesphysiologe und Physiker her. Dort, in der Wahrnehmung, sollte das Gesetz der spezifischen Sinnesenergie gelten, hier, in der Physik, aber galt, für jedermann seit 300 Jahren nachprüfbar, das Gesetz des freien Falls, hier galten die NEWTONschen Gesetze.

MICHAEL FARADAY hatte neben vielen anderen bahnbrechenden Entdeckungen die Existenz induzierter Ströme nachgewiesen. CLERK MAXWELL hatte Entdeckungen FARADAYS theoretisch geschlossen begründet und die Voraussetzungen ihrer Gültigkeit in einer jederzeit nachprüfbaren Form festgelegt. Hier galt das Gesetz von der Erhaltung der „Kraft", das HELMHOLTZ 1847 neben ROBERT MAYER gefunden und formuliert hatte. Seine Gültigkeit ließ sich in der angewandten Mechanik überall nachweisen; es diente zur Kalkulation des Wirkungsgrades von Dampfmaschinen, Dynamoleistungen u. a. Wie konnte diese offenkundige Gültigkeit von Gesetzen erreicht werden? Sie waren doch allesamt aus Beobachtungen hergeleitet. Auch Meßdaten müssen wahrgenommen, über die Sinnesorgane aufgenommen werden. Wenn die aber keinen Bezug zur Wirklichkeit hatten, wodurch konnte dann die universelle Gültigkeit der physikalischen Gesetze begründet sein? Dieser Widerspruch war es, der HELMHOLTZ immer wieder zur Wahrnehmungstheorie zurückzukehren zwang: „Wie ein Physiker Fernrohr und Galvanometer untersuchen muß, mit denen er arbeiten will, sich klar machen, was er damit erreichen, wie sie ihn täuschen können, so schien es mir geboten, auch die Leistungsfähigkeit unserer Sinnesorgane und unseres Denkvermögens zu untersuchen." In der gedanklichen Durchdringung der damit aufgewiesenen Problematik hat HELMHOLTZ einen Entwicklungsprozeß durchlaufen, der ihn am Ende in die Nähe der erkenntnistheoretischen Position des dialektischen Materialismus führte. In seinem Heidelberger Habilitationsvortrag (1852) steht er noch ganz im Banne JOHANNES MÜLLERS. Er sagte dort: „Licht und Farbempfindungen sind nur Symbole für Verhältnisse der Wirklichkeit ..., über die wirkliche Natur der durch sie bezeichneten äußeren Verhältnisse erfahren wir nichts." Am Ende seines Lebens lesen wir zum gleichen Sachverhalt: „Die Nervenerregungen in unserem Hirn und die Vorstellungen in unserem Bewußtsein können Bilder der Vorgänge in der Außenwelt sein, insofern erstere durch ihre Zeitfolge die Zeitfolge der letzteren nachahmen, insofern sie Gleichheit der Objekte durch Gleichheit der Zeichen und daher auch gesetzliche Ordnung durch gesetzliche Ordnungen darstellen." Und weiter: „... selbst diejenigen Physiologen, welche noch Stücke der prästabilierten Harmonie zwischen Empfindungen und Objekten zu halten suchten, müssen eingestehen, daß die eigentliche Vollendung und Verfeinerung der sinnlichen Anschauung auf der Erfahrung beruht." HELMHOLTZ erkannte den Einfluß von Lernprozessen in der Wahrnehmung, und er sah, daß die Anpassung der sensorischen Endleistungen an die Eigenschaften der Wirklichkeit über die Rückmeldung der motorischen Aktivitäten gesteuert wird.

Von dieser erkenntnistheoretischen materialistischen Position aus gelangte er zu seinen großen Entdeckungen in der Theorie der Wahrnehmung. Eine Vielzahl großartiger Resultate wäre hier zu nennen, die HELMHOLTZ bis ins hohe Alter erzielte; angefangen von der Bestimmung der Horopterkrümmung über die Messung der Linsenkrümmung und die funktionelle Erklärung der Adaptation des Auges, über die Bedingungsanalyse der binokularen Verschmelzung und der Konstruktion eines Entfernungsmessers nach dem Parallaxenprinzip bis hin zur Definition des ersten geschlossenen Kriteriensatzes der empirischen Tiefenwahrnehmung. Aus dieser Vielzahl von Forschungsgebieten wähle ich drei zur näheren Darstellung aus. Aus Gründen der Zeit wie der inneren Geschlossenheit meines Berichtes beschränke ich mich auf die optische Wahrnehmung, gehe also auf die Entwicklung der Resonatorentheorie des akustischen Rezeptors nicht ein.

Die näher zu betrachtenden Forschungsresultate sind

(1) HELMHOLTZ' Analyse der rezeptorgebundenen Umsetzung von Licht verschiedener Wellenlänge: Die Einführung der Komponentenmetrik.

(2) HELMHOLTZ' Erklärung elementarer Invarianzleistungen der menschlichen Wahrnehmung.

(3) Die Erkenntnis der nichteuklidischen Struktur des menschlichen Wahrnehmungsraumes und (damit verbunden) die Polemik gegen KANT.

3. Über Helmholtz' bedeutende Entdeckungen bei der Analyse rezeptorgebundener Wahrnehmungsleistungen

3. 1. Die Einführung der Komponentenmetrik in die Theorie der Farbwahrnehmung

Seitdem NEWTON die spektrale Zerlegbarkeit des weißen Sonnenlichtes nachgewiesen hatte, war die Frage der Ordnung zwischen physikalischen Parametern des Lichts und Eigenschaften seiner phänomenalen Wirkung immer wieder gestellt worden. Durch die in ihrer bezaubernden Einfachheit genialen Farbmischungsexperimente CLERK MAXWELLS war bekannt, daß vor allem drei Komponenten des Lichts mit drei phänomenalen Farbeindrücken in Wechselwirkung stehen: nämlich die Strahlungsintensität, die Wellenlänge und die Wellenlängenzusammensetzung der Strahlen mit dem Farbton, der Sättigung und der Helligkeit auf der Wahrnehmungsseite. Nach ungezählten Experimenten war es HELMHOLTZ klargeworden, daß von einer eindeutigen Zuordnung zwischen physikalischen und phänomenalen Größen nicht gesprochen werden kann. Derselbe Wahrnehmungseindruck ließ sich z. B. durch unterschiedliche Zusammenstellungen verschiedener physikalischer Parameter erreichen. HELMHOLTZ erkannte zudem, daß die sogenannten reinen Farben gar nicht vom Reizlicht allein abhängen, sondern daß dazu die Sättigung des Rezeptors mit andersartigem Licht gehört. So kann man tiefes Scharlachrot nur sehen, wenn das Auge zuvor mit ‚grünem‘

Licht gereizt worden ist. Zwei weitere Vorerfahrungen schließlich führten zu einer neuen, bis heute gültigen Farbtheorie. NEWTON hatte — intuitiv und genial in einem — die Spektralfarben kreisförmig angeordnet, und zwar so, daß die jeweils gegenüberliegenden Farben gemischt einen unbunten Grauton ergeben.

Der einfallsreiche Engländer THOMAS YOUNG schließlich fand heraus, daß sich bei einer geeigneten Bewichtung aus genau drei Grundfarben sehr viele andere Farben herstellen lassen, er nahm an, alle. YOUNG benutzte dies zur präziseren Fassung des NEWTONschen Farbkreises, indem er den notwendigen Mischungsanteil als Abstand in die Mittelpunktskonstruktion aufnahm. Aus dem Farbkreis entstand ein dreiecksähnliches Gebilde. Unabhängig davon bemühte sich HELMHOLTZ bei Farbmischungsversuchen herauszufinden, wie sich die Grautöne komplementärer Farben aus den Mischungsverhältnissen von blau, gelb und rot herleiten lassen und wie Abweichungen aus diesem unbunten Intermediärzustand zu spezifischen Farbvalenzen führen. Bei einem seiner zahlreichen Englandbesuche wurde HELMHOLTZ mit den Überlegungen TH. YOUNGS bekannt.

Von diesem Zeitpunkt an sehen wir ihn an der Ausarbeitung der Dreikomponententheorie des Farbensehens, nach der alle phänomenalen Stufen auf das Mischungsverhältnis der genannten drei Grundfarben und auf Sättigungseffekte der Rezeptoren zurückgehen. Die gegenüber TH. YOUNG neue und wesentlich weiterführende Idee von HELMHOLTZ besteht in der Einführung eines Kalküls zur Erfassung der Farbmischung und der Berechnung phänomenaler Effekte bei der Unterschiedsschwellenbestimmung. Durch Variation der kritischen drei Grundkomponenten ließ sich die Methodik der Unterschiedsschwellenbestimmung auf die Analyse der Farbwahrnehmung übertragen.

Folgerichtig ging HELMHOLTZ von einer drei-dimensionalen Mannigfaltigkeit aus und verwendete dazu den von seinem Fakultätskollegen WEIERSTRASS durchgearbeiteten Matrizenkalkül. Alle farblichen Empfindungsunterschiede werden aus drei Komponentenanteilen im Sinne von Koordinatendifferenzen abgeleitet. Im Schwellenwertbereich wird die differentielle Darstellung angewendet. Allgemein soll gelten:

$$(\mathrm{d}S)^2 = (\mathrm{d}S_1)^2 + (\mathrm{d}S_2)^2 + (\mathrm{d}S_3)^2$$

Dabei bedeuten:

$$\mathrm{d}S_1 = X\,\frac{\mathrm{d}x}{x}\cdot\frac{1}{1 + lx + my + nz}$$

$$\mathrm{d}S_2 = Y\,\frac{\mathrm{d}y}{y}\cdot\frac{1}{1 + lx + my + nz}$$

$$\mathrm{d}S_3 = Z\,\frac{\mathrm{d}z}{z}\cdot\frac{1}{1+lx+my+nz}.$$

Weiterhin sind wie folgt definiert:

$$x = a_{11}R + a_{12}G + a_{13}B$$

$$y = a_{21}R + a_{22}G + a_{23}B$$

$$z = a_{31}R + a_{32}G + a_{33}B$$

X, Y, Z sind Funktionen von x, y und z, für die bei hohen Erregungsstärken $X = Y = Z = k$, sonst aber sind

$X = \frac{kx}{a+x}$; $Y = \frac{ky}{b+y}$; $Z = \frac{kz}{c+z}$; (a, b und c sind Konstanten, durch die der innere, der Rezeptoranteil am Wahrnehmungseffekt ausgedrückt wird.)

Eine Empfindungsdifferenz ist bestimmt durch

$$\mathrm{d}S = \left[\frac{\mathrm{d}\varepsilon}{1+lx+my+nz}\cdot(x^2+y^2+z^2)\right]^{1/2}.$$

Berücksichtigt man explizit die Komponentenanteile am eben merklichen Empfindungsunterschied, dann muß von den Erregungswertdifferenzen $x + \mathrm{d}x$, $y + \mathrm{d}y$ sowie $z + \mathrm{d}z$ ausgegangen werden. Wenn ein wahrnehmbarer Unterschied $1 + \varepsilon$ besteht, dann ist die Empfindungsdifferenz im ganzen bestimmt durch

$$\mathrm{d}x - \varepsilon x,\ \mathrm{d}y - \varepsilon y,\ \mathrm{d}z - \varepsilon z.$$

Die phänomenale Empfindungsdifferenz wird darstellbar durch:

$$\mathrm{d}S = \left[X^2\left(\frac{\mathrm{d}x-\varepsilon x}{x}\right)^2 + Y^2\left(\frac{\mathrm{d}y-\varepsilon y}{y}\right)^2 + Z^2\left(\frac{\mathrm{d}z-\varepsilon z}{z}\right)^2\right]^{1/2}.$$

Danach ist ε bestimmbar, und $\mathrm{d}S^2$ kann berechnet werden. Daraus müßten nun auch die Empfindlichkeitsmaxima der Rezeptorsysteme für die drei Grundfarben Rot, Gelb und Blau folgen. Wir wissen heute, daß die Absorptionskurven der Sehstoffe eine andere spektrale Verteilung haben, als sie aus diesem analytischen Ansatz folgen müßte, aber die von HELMHOLTZ eingeführte Linienelementetechnik hat sich als fruchtbare Methode bewährt. Das Beispiel zeigt HELMHOLTZ' große Begabung bei der Übertragung methodischer Prinzipien in neue Gebiete ebenso wie bei der Zusammenführung von experimentellen Resultaten und mathematischem Kalkül. Mir scheinen dies charakteristische Züge der Originalität HELMHOLTZscher Arbeiten. Soweit das Beispiel für die Vorgehensweise v. HELMHOLTZ' bei der Analyse rezeptorgebundener Elementarleistungen.

3.2. Helmholtz' Erklärung elementarer Invarianzleistungen der menschlichen Wahrnehmung

HELMHOLTZ war sich darüber im klaren, daß die reizgebundene Empfindungsbestimmung niemals ausreichen würde, um komplexere Wahrnehmungseffekte abzuleiten, geschweige zu erklären. Das folgt schon daraus, daß es Wahrnehmungserscheinungen gibt, für die gerade die Abweichung zwischen Reizbedingung und Wahrnehmungseigenschaft charakteristisch ist. Speziell gehören dazu Phänomene, die im Wahrnehmungseffekt unverändert bleiben, obwohl die Reizbedingungen sich systematisch verändern. Betrachten wir dazu einige Beispiele.

Wenn ich mich bewege, z. B. zu Gegenständen hingehe, dann nimmt die Netzhautbildgröße der auf dem Augenhintergrund projizierten Dinge proportional dem Quadrat der Entfernung zu. Und doch sehen wir die Dinge unabhängig von ihrem Abstand und innerhalb gewisser Grenzen gleich groß. Ein zweites Beispiel: Ein von der Sommersonne beschienenes Stück Kohle reflektiert des Mittags tausendmal mehr Licht als ein Stück Kreide am Abend. Und doch sehe ich die Kohle am Mittag schwarz und die Kreide am Abend weiß. Dieser Effekt wird Helligkeitskonstanz genannt. Er zeigt ganz deutlich die relative Unabhängigkeit der Empfindungen vom Reizeinfluß der wahrgenommenen Objekte oder Gegenstände. Wie sieht HELMHOLTZ diesen Zusammenhang? Er schreibt: „Mit der Helligkeit und der Farbe der Beleuchtung ändert sich natürlich auch Helligkeit und Farbe der Lichtmenge, welche der beleuchtete Körper in unser Auge sendet. Alle Verschiedenheit der Körperfarbe beruht nämlich darauf, daß die verschiedenen Körper verschieden große Anteile der verschiedenen 7 einfachen Strahlungen der Sonne teils zurückwerfen, teils verschlucken." Und nun die Konsequenz: „Was uns aber beim Sehen hauptsächlich interessiert, ist das Erkennen und Wiedererkennen der uns umgebenden Körper ... Was aber in der Farbe eines Körpers konstant ist, das ist nicht die Helligkeit und Farbe des von ihm in unser Auge gesendeten Lichtes, sondern das Verhältnis zwischen den Intensitäten der verschiedenfarbigen einfachen Bestandteile dieses Lichtes und den Intensitäten der entsprechenden Bestandteile der Beleuchtung. Nur dieses Verhältnis ist der Ausdruck einer konstanten Eigenschaft des Körpers." Die Ausgangsthese, daß die Wahrnehmung eines Organismus dahin ausgelegt ist, ein Abbild der realen Körpereigenschaften und nicht die Empfindung der Reizwirkungen zu vermitteln, führt HELMHOLTZ zu einem wohlbegründeten Ansatz bei der Erklärung der Helligkeitskonstanz; einem Ansatz, der sich im weiteren als Erklärungsgrundlage für diesen Typ von Invarianzleistungen des optischen Systems erweisen sollte. HELMHOLTZ schreibt: „Wir dürfen annehmen, daß die Betrachtung des hellsten vorhandenen Weiß uns den Maßstab angibt für die Beurteilung der danebenstehenden dunkleren Körper ..."

Es ist klar, daß die von ihm geforderte „Verhältnisbildung" zwischen der Reizintensität einer betrachteten Körperoberfläche und der „durchschnittlichen" Ausleuchtung des Hintergrundes gerade jenen invarianten Wert zu bilden gestattet, der die Helligkeit einer Körperoberfläche im Ensemble seiner Umgebungsbedingungen zu ermitteln ermöglicht. Und genau dies geschieht. Jahrzehnte nach HELMHOLTZ' Tod fand man im optischen Rezeptor funktionelle Einheiten, die die geforderte Mittelwertsbildung über den Intensitätsverteilungen der Rezeptortopographie bilden. Was beeindruckt an diesem Beispiel? Vor allem dies: Wie mit einem Minimum an gesicherten Daten mit einer im Prinzip richtigen methodologischen Grundposition eine Problemsicht vorgegeben werden kann, deren weitere Durcharbeit mit Sicherheit die Lösung erbringt. Und wohin wir sehen in der Theorie der Wahrnehmung: Wo immer HELMHOLTZ eine ungelöste Frage aufgreift: mit nachgerade schlafwandlerischer Sicherheit eröffnet die Art seiner Denkrichtung den Weg zur Lösungsfindung, und zwar auch dort, wo erst nach Jahrzehnten voller Überblick und reale Lösungsreife eines Problems erreichbar waren, wie das etwa für die Theorie der unbewußten Schlüsse galt, für die der mathematische Kalkül fünfzig Jahre nach seinem Tod durch JOHANN VON NEUMANN entwickelt wurde. Und das nämliche zeigt sich auch bei HELMHOLTZ' gedanklicher Durchdringung des schwierigsten aller Probleme in der Wahrnehmungstheorie, nämlich der Frage nach der Metrik des menschlichen Wahrnehmungsraumes. Auf den ersten Blick scheint es da gar kein Problem zu geben: Der Umgang mit den Körpern unserer Umgebung belegt anscheinend, daß in den Dimensionen unserer perzeptiven Orientierung die euklidische Metrik uneingeschränkt gilt. Aber das stimmt nicht, wie u. a. die wahrgenommene Größe des Mondes zeigt, die am Horizont viel größer ist als im Zenit. Die phänomenale Größe des Mondes hängt ab von seiner Lage im Sehfeld. Die Metrik unserer Wahrnehmungswelt hängt ab von der Richtung, in die wir blicken. Diese Anisotropie des menschlichen Wahrnehmungsraumes ist mit Forderungen der euklidischen Geometrie unverträglich. Welche Metrik gilt aber dann? Zu HELMHOLTZ' Zeiten spielte diese Frage eine große Rolle durch die Aussagen der KANTschen Philosophie über den Ursprung von Raum und Zeit.

Und indem HELMHOLTZ diese Frage aufgreift, muß er mit seiner methodologischen Position in einen Zwiespalt mit KANT gelangen, dessen Autorität unter fast allen Philosophen wie unter philosophierenden Naturwissenschaftlern seiner Zeit nachgerade uneingeschränkt war. Wir wollen sehen, wie HELMHOLTZ diese Auseinandersetzung führte.

3.3. Die Erkenntnis der nichteuklidischen Struktur des menschlichen Wahrnehmungsraumes — Helmholtz' Auseinandersetzung mit dem Transzendentalismus Immanuel Kants

Wir erinnern uns: Nach KANT sind Raum und Zeit aller unserer Erfahrung vorgegebene Kategorien; ja, sie sind ursprüngliche Voraussetzung dafür, Erfahrung überhaupt sammeln zu können. Alle Daten der Wahrnehmung ordnen wir mit Hilfe der Koordinaten von Raum und Zeit, sie selbst aber sind vorgegebene Ordnungsmöglichkeiten unseres Wahrnehmens und Erkennens. Bei der weiteren Diskussion dieses Problems durch HELMHOLTZ beziehe ich mich auf einen seiner berühmten Vorträge „Über den Ursprung und die Bedeutung der geometrischen Axiome“ vom Jahre 1870, wobei ich aus Zeitgründen nur den Extrakt der HELMHOLTZschen Schlußweise vorstelle. Er argumentiert: Wenn die Raumanschauung dem Menschen seine Möglichkeiten festlegt, Erfahrungen zu sammeln, wenn sie transzendent ist im KANTschen Sinne, wie konnte es dann zu einer dieser Erfahrung nicht vorgegebenen Raumbetrachtung kommen? Wie konnte dann überhaupt eine nichteuklidische Geometrie durch GAUSS, BOLYAI und LOBATSCHEWSKI entwickelt werden? Mehr noch: Wie war es denkbar, daß B. RIEMANN — wenn KANT recht hatte — zu einer Systematik von Klassen nichteuklidischer Geometrien gelangen konnte? RIEMANN hatte in seiner berühmten Habilitationsschrift („Über die Hypothesen, welche der Geometrie zugrunde liegen“) gezeigt, daß die wesentliche Grundlage jeder Geometrie der Ausdruck ist, durch den der Abstand zweier beliebig wenig voneinander entfernter Punkte gegeben ist: „... das Quadrat des Abstandes ist eine homogene Funktion zweiten Grades der Differentiale ihrer Coordinaten“. GAUSS hatte den Begriff der ohne Dehnung biegsamen Flächen und damit die Darstellbarkeit der unendlichen Fortsetzung gekrümmter Flächen eingeführt.

Der italienische Mathematiker BELTRAMI hatte Flächen untersucht, die in gewissem Sinne als Gegenstück zur Kugeloberfläche gelten konnten und die er darum pseudosphärische Flächen nannte. RIEMANN zeigte weiterhin, daß eine bestimmte Konstanz der geometrischen Eigenschaften nur bestehen kann, wenn das GAUSSsche Maß der Flächenkrümmung überall den gleichen Wert hat. Ist dieses Maß O, so folgt daraus die Gültigkeit der euklidischen Axiome. Hat die Krümmung einen positiven Wert, so folgt daraus die sphärische oder — allgemeiner — die elliptische Geometrie. Eine negative Krümmung hingegen führt zur pseudosphärischen oder hyperbolischen Geometrie. Soviel zu den Voraussetzungen. Nun weiter zu HELMHOLTZ.

Er geht bei der Entwicklung seiner Gedanken zurück zur Kennzeichnung der euklidischen Axiome, insbesondere zu jenem, welches besagt, daß durch einen außerhalb einer Geraden liegenden Punkt genau eine Gerade gelegt werden kann, die zur ersten parallel liegt in dem Sinne, daß beide Geraden sich nicht schneiden. Eine andere Fassung dieses Axioms besagt, daß, wenn zwei gerade Linien einer Ebene sich nicht schneiden, die Wechselwinkel bzw. die Gegenwinkel paarweise gleich sind. Grundlage aller Beweise mittels der euklidischen Methode sind die Kongruenzbeweise für Strecken, Winkel, Flächen. Voraussetzung dafür ist wiederum die Lage- oder Bewegungsinvarianz aller geometrischen Gebilde.

Bei seinen Messungen über den Horopterkreis wurde HELMHOLTZ erstmals gewahr, daß eine frontalparallel eingestellte Linie eine Krümmung haben muß, wenn sie als Gerade gesehen werden soll. Er fand, daß die Krümmungsrichtung von der Entfernung abhängt. Das war mit euklidischen Eigenschaften unverträglich. Aus Versuchen über Abstandsvergleiche zwischen parallelen Linien ergab sich ferner, daß gesehene Parallelität (im Sinne des sich nicht Schneidens zweier Geraden) und Gleichabständigkeit aller Punkte zwischen diesen Geraden auseinanderfallen. Dies führte ihn zu der entscheidenden Vermutung, daß der menschliche Wahrnehmungsraum eine negative Krümmung, daß er eine im RIEMANNschen Sinne hyperbolische Struktur haben muß.

Am Beispiel der von BELTRAMI zur Veranschaulichung pseudosphärischer Eigenschaften entwickelten Traktrix erläutert HELMHOLTZ in einer Folge plausibler Argumente die prinzipielle Wahrnehmbarkeit nichteuklidischer, perzeptiver Effekte. Und nun die entscheidende Polemik gegen KANT: Die geometrischen Axiome — so HELMHOLTZ im Grundgedanken — sind nicht dadurch Abbilder realer Eigenschaften der Körper, insofern sie die Wahrnehmungswelt bestimmen, sondern dadurch, daß sie die meßbaren Eigenschaften und Verhaltensweisen fester Körper erfassen und — mit der praktischen Erfahrung übereinstimmend — auszudrücken imstande sind. Die Übereinstimmung mit unserer Anschauungswelt ergibt sich als sekundärer Effekt, nämlich dadurch, daß sich die menschliche Wahrnehmung auf Grund ihres adaptiven Charakters dieser Wirklichkeit angepaßt hat. Das ist die klare Position eines antimetaphysischen, erkenntnistheoretisch materialistisch denkenden Naturwissenschaftlers. Ist das nicht ein Widerspruch zu der wohlbekannten und — zeitbedingt — auch berechtigten Kritik an der Zeichentheorie der Wahrnehmung? Wir wollen uns dieser Frage mit einigen Bemerkungen zum Abschluß zuwenden.

Methodologischer Ausblick: Materialistische Deutung der Zeichenfunktion der Wahrnehmung

Die Hinwendung zum erkenntnistheoretischen Materialismus ergab sich bei HELMHOLTZ in einem langen, Jahrzehnte währenden Entwicklungs- und Reifungsprozeß. Was HELMHOLTZ als Abbildfunktion der Wahrnehmung erkannte, das war die Eindeutigkeit der Zuordnung zwischen Reizbedingungen und Wahrnehmungseffekt. Unzugänglich blieb ihm der Gedanke der Kodierung von Reizzuständen und der Dekodierung in der Wahrnehmung. Für die Entwicklung dieses Konzepts waren auch Ausgangspunkte zu finden, die z. B. dem statistischen Denken BOLTZMANNS viel näher standen als dem stark noch im mechanisch-deterministischen Denken gebundenen HELMHOLTZ. Aber die Idee für den Dekodierungsprozeß hatte HELMHOLTZ: Als Hypothese formuliert er in späteren Arbeiten wiederholt, mit den Wahrnehmungsleistungen sei es ganz ähnlich wie mit dem Sprachverstehen. Anders gesagt: Man müsse die Wahrnehmung als kommunikativen Prozeß zwischen Organismen und Umgebung auffassen. Erst in den sechziger Jahren dieses Jahrhunderts ist klargeworden, daß in der Tat tiefliegende Zusammenhänge zwischen den Dekodierungsprozessen des Nervensystems bei der Spracherkennung und jenen Informationsverarbeitungsprozessen bestehen, die den zentralen Wahrnehmungsleistungen zugrunde liegen.

Dies läßt uns mit Staunen und Bewunderung eine Gedankentiefe erkennen, aus der heraus Folgerungen möglich waren, deren Grundlagen wie Konsequenzen erst nach Jahrzehnten rational durchdrungen und dabei als gültig ausgewiesen wurden.

Versucht man zu ergründen, worin die schier unerschöpfliche Produktivität dieses großen Mannes der Wissenschaft wurzelt, so sind wenigstens drei Faktoren zu nennen:

(1) Als mathematisch durchgebildeter Physiker verfügte HELMHOLTZ über Denkmethodik und Instrumentarium, um den reifen, wie er sagte „jungfräulichen Boden" der Physiologie zu befruchten.

(2) HELMHOLTZ besaß eine ungewöhnliche Befähigung zum kombinierenden Denken, zum Entdecken von Analogien, Beziehungen und Verwandtschaften zwischen herkömmlich als völlig verschiedenartig klassifizierten Gebieten.

(3) Wenn dies im gewissen Sinne Erklärungen sind, so macht uns ein Drittes nun Staunen: In den Naturwissenschaften gibt es Fakten und Fakten. Einmal sind es Singularitäten der Erkenntnis, deren Wert sich mit dem Wissen um die Dinge ausschöpft. Und dann gibt es Fakten, Details nur bisweilen, in denen sich Gesetzmäßigkeiten von weit ausstrahlender Gültigkeit

wie in einem Brennpunkt bündeln. Und auf jedem Gebiet fand HELMHOLTZ Fakten der letzteren Art. Wie man dies macht, das Geheimnis hat er mit ins Grab genommen. Oder möglicherweise doch nicht? Denn es gibt einen Satz von ihm, der dies Geheimnis vielleicht enthüllt. Und wenn nicht, so enthüllt er uns das Wesensmerkmal einer bewundernswürdigen, wahrhaft großen und daher bescheidenen Persönlichkeit.

Befragt nach dem Geheimnis seiner Erfolge, antwortete HELMHOLTZ: „Ich habe mein lebelang hart gearbeitet".

H.-J. TREDER, Ordentliches Mitglied der AdW

Die Bedeutung von Helmholtz für die theoretische Physik

Die prinzipiell neue Denkweise, die HELMHOLTZ in die theoretische Physik hineingetragen hat und die (später auch ohne explizite Bezugnahme auf HELMHOLTZ) für die moderne Entwicklung der theoretischen Physik mit entscheidend wurde, findet sich bereits in der ersten und allgemein bekanntesten mathematisch-physikalischen Arbeit von HELMHOLTZ. In seiner berühmten Schrift „Über die Erhaltung der Kraft" (1847) stellte HELMHOLTZ die Frage: „Wie müssen die dynamischen Gleichungen, die die Bewegung der Massen bestimmen, beschaffen sein, damit die Energie ein Integral der Bewegungsgleichung ist?"[1])

Speziell untersuchte HELMHOLTZ die unter der Voraussetzung der Existenz eines Energie-Integrals möglichen Formen der Wechselwirkung zwischen den Teilchen, d. h., HELMHOLTZ analysierte, von welchen Variablen und auf welche Art und Weise die Kräfte zwischen den Teilchen abhängen können, damit ein (eindeutiges) Energie-Integral existiert. Auf Grund dieser Problemstellung gelangte HELMHOLTZ dann zu den fundamentalen Begriffen „Potential", „potentielle Energie", „Kräftefunktion", „thermodynamisches Potential" und „Wechselwirkungspotential". Hierbei kombinierte HELMHOLTZ die Forderung der Existenz eines Energie-Integrals mit der Forderung der Existenz anderer Integrale (Impuls, Drehimpuls) und insbesondere mit der Forderung der Gültigkeit des Schwerpunktsatzes. Im Endergebnis dieser (bis zu seinem Tode fortgesetzten) Untersuchungen gelangte er zu der Definition der allgemeinsten Form einer Dynamik (einschließlich der möglichen Wechselwir-

1 Diese Fragestellung war das grundsätzliche Neue, das HELMHOLTZ zur Formulierung des Energiesatzes beitrug. Die analytischen Mechaniker von LEIBNIZ bis JACOBI hatten für die in der Mechanik eingeführten Kraftgesetze die Existenz eines Energie-Integrals bewiesen. Die Untersuchungen von MAYER, JOULE u. a. nach 1840 zeigten die allgemeine Gültigkeit des Energiesatzes in der Physik. HELMHOLTZ fragte nun nach der allgemeinen Form der Wechselwirkungen, die überhaupt auf ein Energie-Integral führen, und postulierte, daß nur solche in der Natur vorkommen.

kungen), die alle klassischen Erhaltungssätze, inklusive den Energiesatz, enthält. (1881)

Hierbei löste sich HELMHOLTZ immer mehr von der rein mechanischen Betrachtungsweise seiner Arbeit von 1847 und stieß schließlich zu dem allgemeinen Problem vor, die Struktur derjenigen physikalischen Systeme zu bestimmen, für die der Energiesatz (und die weiteren Erhaltungssätze) gelten. HELMHOLTZ gelangte zu dem Resultat, daß die Lösung dieses Problems in der Vorgabe eines HAMILTONschen Wirkungsintegrals besteht, dessen LAGRANGE-Funktion von einer wohldefinierten Klasse von Variablen abhängt und zwar derart, daß die Form dieser Abhängigkeit die Homogenität und Isotropie des Raumes, die GALILEIsche Invarianz gegenüber der Wahl des Bezugssystems sowie die explizite Zeitunabhängigkeit widerspiegelt. (1886)

Diese Ergebnisse von HELMHOLTZ, die zentrale Bedeutung des HAMILTONschen Prinzips der kleinsten Wirkung und die Bedeutung der Invarianzeigenschaften der Wirkungsfunktion für die Struktur der Teilchen- und der Kontinuumsdynamik sowie die Beziehung zwischen diesen Invarianzeigenschaften und den ersten Integralen der Bewegungsgleichungen, wurden nach HELMHOLTZ (besonders durch die Vermittlung von PLANCK und F. KLEIN sowie dann durch EINSTEIN, G. MIE und HILBERT) zu einem zentralen Gedanken bei der Formulierung sowohl der Relativitäts- wie der Quantenmechanik.

HELMHOLTZ selber hat diesen Gedanken (teilweise neue Entwicklungen weit vorwegnehmend) sowohl für die reversible als auch für die irreversible Thermodynamik explizit auszuführen versucht und ferner erstmals das HAMILTONsche Prinzip für die Elektrodynamik angegeben (1892).

In den Rahmen dieser allgemeinen Problemstellung ordnen sich auch HELMHOLTZ' bahnbrechende Untersuchungen über das elektrodynamische Wechselwirkungspotential ein. HELMHOLTZ formulierte hier das Problem so, daß das allgemeinste in ein HAMILTON-Prinzip einführbare Wechselwirkungspotential zwischen bewegten elektrischen Ladungen anzugeben ist, das zum AMPEREschen Kraftgesetz und zum FARADAYschen Induktionsgesetz führt. HELMHOLTZ bemerkte hierbei, daß diese Forderung (gemeinsam mit der der Erfüllung des Energiesatzes) die HAMILTON-Funktion nicht eindeutig festlegt, sondern zu einer gegebenen Funktion additiv ein weiterer Term eingeführt werden kann, dessen Integral für geschlossene Stromkreise verschwinden muß. Dies führte HELMHOLTZ zur Definition seiner Konstanten k, durch deren Wert sich die verschiedenen Formen der Elektrodynamik von F. NEUMANN über W. WEBER, B. RIEMANN, R. CLAUSIUS bis zu J. C. MAXWELL unterscheiden. Eine Bestimmung von k ist nur durch Versuche mit offenen Stromkreisen möglich, wobei die MAXWELLsche Theorie gerade $k = 0$ fordert (1870–1876).

Innerhalb seiner Arbeiten zur Elektrodynamik formulierte HELMHOLTZ ganz allgemein (in der ohne Berücksichtigung der Strahlungskorrekturen zulässigen Näherung) den allgemeinsten Ausdruck für das Wechselwirkungspotential von elektrisch miteinander wechselwirkenden Partikeln. HELMHOLTZ' Ausdruck ist für den MAXWELLschen Fall k = 0 der später nach DARWIN und BREIT benannte relativistische Ausdruck. (HELMHOLTZ hat diese Entwicklung also über fünfzig Jahre vorweggenommen.) — Bei seinen Untersuchungen bemerkte HELMHOLTZ als fundamentale Eigenschaft des elektrodynamischen Wechselwirkungsgesetzes seine grundsätzliche Unvereinbarkeit mit der GALILEI-Invarianz, ein Ergebnis, das wir auch heute noch als fundamental für die Begründung der relativistischen Elektrodynamik ansehen müssen. (Die Frage der kinematischen Invarianz der Elektrodynamik erscheint als der zentrale Punkt der langjährigen Auseinandersetzung zwischen WEBER und HELMHOLTZ über das Elektrodynamische Kraftgesetz.) (1870—1881).

Die von HELMHOLTZ aufgeworfene Problematik führte HELMHOLTZ' Schüler H. HERTZ (1890) zu seinem ersten Ansatz einer auf der MAXWELLschen Theorie basierenden Elektrodynamik bewegter Körper (dem Grundproblem der späteren speziellen Relativitätstheorie von EINSTEIN bis MINKOWSKI). —

In der Elektrodynamik wird HELMHOLTZ' eigener Ansatz, der nur die Ladungsträger und das Vakuum enthält, in der LORENTZschen Elektronentheorie (1895) fortgeführt, die wie HELMHOLTZ' Theorie eine „Absoluttheorie" ist. Die Elektronentheorie verwirklichte gleichzeitig einen weiteren fundamentalen Gedanken von HELMHOLTZ, die Existenz von „Elektrizitätsatomen" (Elektronen) zur Basis der Elektrodynamik zu machen[1] (1881).

Aus dieser Gedankenwelt gingen die Grundversuche zur Elektrodynamik bewegter Körper hervor, die unter Anleitung von HELMHOLTZ in seinem Berliner Institut begonnen wurden. ROWLAND bestimmte hier 1875 die elektromagnetische Wirkung von Konvektionsströmen (worüber HELMHOLTZ in der Akademie berichtete). MICHELSON begann 1880 seine Versuche zum interferometrischen Nachweis der „Ätherdrift".

[1] HERTZ versuchte eine GALILEI-invariante Elektrodynamik bewegter Medien, in der — im Gegensatz zu den atomistischen Vorstellungen der Elektronentheorie — die Geschwindigkeiten auf die Dielektrica bezogen werden. Hingegen beziehen HELMHOLTZ und H. A. LORENTZ die Geschwindigkeiten auf den „absolut ruhenden" Äther. Das Gegenwirkungsaxiom ist bei HELMHOLTZ und bei LORENTZ grundsätzlich gebrochen. HERTZ wollte es (Vorstellungen der relativistischen Feldphysik vorwegnehmend) durch Berücksichtigung der Rückwirkung der Dielektrica retten (HERTZ folgte auch hierbei einer Anregung durch HELMHOLTZ).

Die fundamentale Frage nach den elektromagnetischen Zuständen in Dielektrica und dem Verhalten der elektrischen Kraft bei offenen Stromkreisen gab HELMHOLTZ an HERTZ weiter. Sie führten zu HERTZ' umfassenden experimentellen Untersuchungen über die „Strahlen elektrischer Kraft" (1888) und über die „Ausbreitung der elektrischen Kraft" (1892), also zur Entdeckung der elektrischen Wellen als Konsequenz und Beweis der MAXWELLschen Theorie.

Die großartigen Untersuchungen von HELMHOLTZ zur Wirbeldynamik gehören nicht nur in ihrer mathematischen Gestaltung, sondern auch in ihrer physikalischen Denkweise in diese allgemeine Problemstellung. HELMHOLTZ formulierte ja in den Prinzipien seiner Wirbeldynamik das Modell einer Dynamik mit weniger Invarianzeigenschaften als die GALILEI-NEWTONsche Mechanik, so daß über die inhaltliche Bedeutung der Wirbeltheoreme von HELMHOLTZ hinaus seine Wirbeldynamik gleichzeitig das erste Modell einer in sich konsistenten Mechanik war, die andere Bewegungsprinzipien besitzt als die NEWTONsche. Indem aber HELMHOLTZ seine Wirbelsätze aus den EULERschen Bewegungsgleichungen und damit aus der NEWTONschen Mechanik hergeleitet hatte, führten HELMHOLTZ' Arbeiten die Konsistenz einer Mechanik mit nicht-NEWTONschen Prinzipien auf die Konsistenz der NEWTONschen Mechanik zurück.

Die nicht-NEWTONschen Prinzipien der Wirbeldynamik entstehen aus der NEWTONschen Mechanik durch eine andere Definition dessen, was als fundamentale Elemente und fundamentale Bewegungsaxiome aufzufassen ist (1858–1868).

Man sieht die vollständige Analogie zu der zur selben Zeit von E. BELTRAMI und F. KLEIN erfolgten Modellierung der nichteuklidischen Geometrie durch euklidische Gebilde, wodurch die Widerspruchsfreiheit der nichteuklidischen auf diejenige der euklidischen Geometrie zurückgeführt wurde.

HELMHOLTZ hat im Rahmen seiner Untersuchungen der Grundprinzipien der Physik die physikalischen Konsequenzen der nichteuklidischen Geometrie erstmals explizit diskutiert und ist dadurch zu einer neuen Auffassung des geometrischen Raumproblems, dem später sogenannten HELMHOLTZ-LIEschen Raumproblem, vorgestoßen (1868–1878).

HELMHOLTZ' Fragestellung ist: „Wie muß die geometrische Struktur des Raumes beschaffen sein, damit in diesem Raum eine Mechanik starrer Körper realisierbar ist, und wie muß die Geometrie des Raumes beschaffen sein, damit in ihm Impulssatz und Drehimpulssatz als Integrale der Bewegungsgleichungen gewinnbar sind?"

Die grundlegende Entdeckung von HELMHOLTZ war, daß die uneingeschränkte Verlagerbarkeit und Drehbarkeit der starren Körper die notwendige und hinreichende Voraussetzung für die Formulierbarkeit von Impuls- und Drehimpulssatz ist und daß diese Eigenschaften dem Raum genau dann zukommen, wenn der Raum eine konstante (imaginäre, reelle oder verschwindende) Krümmung besitzt. HELMHOLTZ gelangte damit zu dem Resultat, daß — im Gegensatz zur Ansicht von KANT — für eine Physik im NEWTONschen Sinne nicht der euklidische Raum a priori notwendig ist, wohl aber einer der drei Raumtypen: hyperbolischer Raum (LOBATSCHEWSKIsche Geometrie), sphärischer oder elliptischer Raum (RIEMANNsche Geometrie) oder der (nicht gekrümmte) euklidische Raum. Mit dieser Entdeckung hat HELMHOLTZ erstmals die Bewegungsgruppen in die Geometrie eingeführt, die später von S. LIE als ein fundamentaler Begriff der Differentialgeometrie ausgebaut wurden.

Ich möchte noch erwähnen, daß HELMHOLTZ' Untersuchungen über die Verlagerung starrer Körper im Raum auf das engste mit seinen Untersuchungen zur Wirbeldynamik zusammenhängen. HELMHOLTZ bewies nämlich, daß alle möglichen Ortsveränderungen eines beliebigen physikalischen Systems aus einer Translation, einer Rotation und einer Dilatation nach drei zueinander senkrechten Richtungen zusammensetzbar sind. Für einen starren Körper sind nur die ersten beiden Formen von Ortsveränderungen möglich. Die Forderung, daß die Geometrie des Raumes so beschaffen ist, daß sie beliebige Ortsveränderungen in Form von Translation und Rotation ohne Dilatationen und damit starre Körper gestattet, führt dann zu HELMHOLTZ' Auszeichnung der Räume konstanter Krümmung. Der Ersatz der starren Körper von HELMHOLTZ durch deformierbare Körper bedeutet dann den Übergang zu den EINSTEINschen „Bezugsmollusken" der allgemeinen Relativitätstheorie, wie dann auch EINSTEIN selbst seine Darstellung des relativistischen Raumbegriffes mit HELMHOLTZ' Raumtheorie beginnt.

Die großen Mathematiker, die im ersten Drittel unseres Jahrhunderts den Raumbegriff mathematisch analysierten, fußten hierbei ausdrücklich auf HELMHOLTZ' Analyse. H. POINCARÉS Theorie der Beziehungen zwischen Physik und Geometrie, die zur Idee der „POINCARÉschen Summe" führte, ist die direkte Verallgemeinerung von HELMHOLTZ' Definition der metrischen Eigenschaften des Raumes durch die Verlagerbarkeit starrer Körper. H. WEYL sah seine gruppentheoretische Charakterisierung der Pythagoräizität der RIEMANN-EINSTEINschen Raum-Zeit-Metrik als die Übertragung der HELMHOLTZschen Charakterisierung der euklidischen und nichteuklidischen Metriken durch die Bewegungen auf die Begriffswelt der allgemeinen Relativitätstheorie an. Und HILBERT hob schließlich hervor, daß durch RIEMANN, HELMHOLTZ und EINSTEIN die Geometrie ein Teil der Physik, nämlich die Lehre von den möglichen Lagebeziehungen der Körper, geworden sei.

HELMHOLTZ' Ansichten über das Raumproblem führten zur Polemik mit neukantianischen Philosophen. Hierbei wurde die für HELMHOLTZ' Raumtheorie charakteristische Wendung des KANTschen Apriorismus deutlich. Nach HELMHOLTZ folgt die Raumstruktur aus der Möglichkeit des kongruenten Transportes starrer Körper, d.h. die Raumstruktur erweist sich als notwendige Bedingung für die Möglichkeit bestimmter physikalischer Strukturen und Operationen. Ob also der Raum ein konstantes Krümmungsmaß besitzt — oder etwa ein allgemeiner RIEMANNscher Raum ist —, hängt davon ab, ob in die Physik tatsächlich ideal starre Körper einführbar sind. HELMHOLTZ nahm dies an (und kam so zur Forderung der konstanten Raumkrümmung) — EINSTEIN hat dies später negiert (und gelangte damit zur RIEMANNschen Raum-Zeit-Welt).

Jedenfalls ist gemäß HELMHOLTZ die Struktur des Raumes der Rahmen für die physikalischen Gesetze. Bestimmte Typen solcher Gesetze setzen bestimmte Raum-Typen voraus. Ob diese Gesetzes-Typen aber exakt gelten oder ob sie nur Näherungsaussagen für kleine Raum-Zeit-Bereiche sind, ist ein rein physikalisches Problem. Und damit wird auch die Raumstruktur zu einem physikalischen Problem, das dann — besonders im Zusammenhang mit EINSTEINS Relativitätstheorie — von EINSTEIN, HILBERT, WEYL u. a. neu untersucht wurde.

Literatur

H. v. HELMHOLTZ,
Wissenschaftliche Abhandlungen
Bd. I, Leipzig 1881
Bd. II, Leipzig 1883
Bd. III, Leipzig 1895

H. v. HELMHOLTZ, Vorträge und Reden
Bd. I, Braunschweig 1884
Bd. II, Braunschweig 1884

H. v. HELMHOLTZ, Über die Erhaltung der Kraft (1847)
Ostwalds Klassiker Nr. 1, Leipzig 1889

H. v. HELMHOLTZ, Hydrodynamische Abhandlungen
Ostwalds Klassiker Nr. 79, Leipzig 1896

L. KÖNIGSBERGER, Hermann v. Helmholtz
Bd. I—III, Braunschweig 1902—1903

A. EINSTEIN, Grundzüge der Relativitätstheorie
5. Auflage Berlin, Braunschweig, Oxford 1969

H. HERTZ, Gesammelte Werke
Bd. II, Leipzig 1894

H. HERTZ, Die Prinzipien der Mechanik, Leipzig 1894
M. v. LAUE, Geschichte der Physik, (West)Berlin 1959
M. v. LAUE, Zum 50. Todestag von Hermann v. Helmholtz (1944) Gesammelte Schriften und Vorträge Bd. III, Braunschweig 1961
M. PLANCK, Helmholtz' Leistungen auf dem Gebiet der theoretischen Physik (1906) Physikalische Abhandlungen und Vorträge Bd. III, Braunschweig 1958
M. PLANCK, Das Prinzip der kleinsten Wirkung (1915) Wege zur physikalischen Erkenntnis Bd. II, Leipzig 1943
H.-J. TREDER, Helmholtzsche und relativistische Elektrodynamik, Gerlands Beiträge **79**, 401 (1970)
H.-J. TREDER, Zur allgemeinen relativistischen und kovarianten Integralform der Helmholtzschen Wirbeltheoreme, Gerlands Beiträge **79**, 1(1970)
H. WEYL, Philosophie der Mathematik und Naturwissenschaften, 2. Aufl. München und Wien 1966.

H. Stiller, Korrespondierendes Mitglied der AdW

Zur Bedeutung der Arbeiten von H. v. Helmholtz für die geophysikalische Hydrodynamik und für die Physik des Erdinnern

In meinem kurzen Beitrag zur Würdigung der Leistungen von Helmholtz zur Geophysik möchte ich mich bewußt auf zwei Beispiele beschränken. Erstens auf die Arbeiten von Helmholtz zur geophysikalischen Hydrodynamik, an denen er selbst aktiv teilgenommen hat, und zweitens auf die Physik des Erdinnern, ein Gebiet, auf dem das Ideengut Helmholtz' erst Mitte dieses Jahrhunderts in die Forschung aufgenommen wurde und das gegenwärtige Wissen über den Aufbau unseres Planeten mitzubestimmen geholfen hat.

Nun zur geophysikalischen Hydrodynamik.[1]

H. v. Helmholtz wurde durch schwierige Probleme der Akustik dazu geführt, sich mit der Integration der hydrodynamischen Bewegungsgleichungen zu beschäftigen. Er verzichtete dabei auf die damals weithin übliche Voraussetzung der Existenz eines Geschwindigkeitspotentials der Strömung und gelangte zu fundamentalen Erkenntnissen über Wirbel und über diskontinuierliche Flüssigkeitsbewegungen.

In der berühmten Publikation „Über Integrale der hydrodynamischen Bewegungsgleichungen, welche den Wirbelbewegungen entsprechen" (1858) hat Helmholtz nicht nur die Wirbelkinematik erklärt, sondern auch die dynamische Theorie der Wirbelbewegungen für inkompressible, reibungsfreie Flüssigkeiten in konservativen äußeren Kraftfeldern weitgehend zu Ende geführt. In den Monatsberichten der Preußischen Akademie der Wissenschaften zu Berlin erschien 1868 die Arbeit „Über diskontinuierliche Flüssigkeitsbewegungen". Sie enthält neben den Grundgesetzen dieser Bewegungstypen auch die Erkenntnisse, daß Diskontinuitätsflächen an scharfen Rändern von Hindernissen entstehen und sich in eine Folge von Wirbeln auflösen können.

H. v. Helmholtz hat die Ergebnisse seiner hydrodynamischen Grundlagenforschung auch auf geophysikalische Probleme angewendet. Er selbst

[1] Den Darlegungen zur geophysikalischen Hydrodynamik lag ein Textentwurf von Professor Dr. P. Mauersberger zugrunde.

charakterisiert sein Ziel mit den Worten: „Ich hielt es für nützlich, soweit ich im Stande war, speziell mit streng mechanischen Begriffen in die Meteorologie hineinzugehen und zu sehen, was sich im Augenblick lösen ließ" (Vortrag über Wolken und Gewitterbildung, 1886).

„Über atmosphärische Bewegungen" lautet der Titel von zwei in den Jahren 1888 und 1889 der Preußischen Akademie der Wissenschaften zu Berlin vorgelegten Untersuchungen. Darin schätzte HELMHOLTZ den Einfluß der Reibung an der Erdoberfläche auf die Luftbewegung in größeren Höhen ab und hob die Bedeutung der Strahlung und der Konvektion für den Wärmeaustausch in der Atmosphäre hervor. Durch die Kombination seiner Wirbelsätze mit der Theorie der Diskontinuitätsflächen unternahm er den Versuch, die allgemeine Zirkulation physikalisch zu deuten und die Entstehung von Zyklonen und Antizyklonen zu erklären. Dabei ergab sich ein Kriterium für die Trägheitsinstabilität der zonalen Windströmungen in mittleren Breiten. In der Theorie meteorologischer Wellenprozesse arbeitete HELMHOLTZ mit dem Prinzip der mechanischen Ähnlichkeit, indem er aus dem Verhalten von Wasserwellen rückschloß auf Struktur und Gesetzmäßigkeiten von Luftwogen, die in Altocumulus-Reihen sichtbar werden können. Lämmerwolken verstand HELMHOLTZ als Kondensation in labilen Grenzflächen. Aus seiner Feder stammt ferner eine Theorie der tropischen Wirbelstürme, in der er der Kondensationswärme eine wesentliche Rolle beimaß.

Das Ähnlichkeitsprinzip, die Theorie der Diskontinuitätsflächen und die Wirbeldynamik gehören auch heute noch zu den wesentlichen Grundlagen der dynamischen Meteorologie, nachdem L. PRANDTL, M. MARGULES, W. THOMSON (Lord KELVIN), V. BJERKNES, C.-G. ROSSBY und H. ERTEL damit begannen, die HELMHOLTZschen Gedankengänge fortzuführen, und viele lebende Forscher diese Methode aufgriffen.

Die Studien, die H. v. HELMHOLTZ über winderzeugte Meereswellen anstellte und 1890 der Preußischen Akademie der Wissenschaften zu Berlin vorlegte, galten vorwiegend dem Energieaustausch zwischen Wind- und Wellenfeld, der Gleichgewichtsgestalt der Wellen und den Prozessen des Brandens und des Schäumens der Wellenkämme. HELMHOLTZ überführte die Gesetze der stationären Wellenbewegung in die Form eines Minimalprinzips, in welchem das Verschwinden der ersten Variation der Differenz zwischen potentieller und kinetischer Energie gefordert wird. Es handelt sich also im wesentlichen um das Prinzip der kleinsten Wirkung, zu dessen Klärung HELMHOLTZ wichtige Beiträge lieferte (1884).

In allen genannten Forschungsarbeiten bewies HELMHOLTZ eine außergewöhnliche Begabung, Naturbeobachtungen, Experimente, theoretische Grundlagenforschung und Anwendungen eng miteinander zu verknüpfen.

Für die Entwicklung der Physik des Erdinneren haben sich die HELMHOLTZschen Ideen zur Thermodynamik, insbesondere die HELMHOLTZsche freie Energie, als außerordentlich bedeutungsvoll erwiesen. Bekanntlich erhält man durch partielle Ableitung der HELMHOLTZschen freien Energie nach der Dichte (bzw. dem Volumen) bei konstanter Temperatur den Druck und daraus wiederum durch nochmalige partielle Ableitung nach der Dichte (bzw. dem Volumen) die Inkompressibilität. Die Abhängigkeit des Druckes von der Dichte (bzw. dem Volumen) und der Temperatur bezeichnet man als Zustandsgleichung. Für eine Erde unter annähernd hydrostatischen Bedingungen, die in erster Näherung als elastisch angenommen wird, ergeben sich hiermit verschiedene Näherungsformulierungen für spezifische geophysikalische Zustandsgleichungen. Im Rahmen der Theorie endlicher Deformationen fester Körper, erhält man für die freie Energie auf rein kontinuumsmechanischem Wege Ansätze, die zu sogenannten isothermalen Zustandsgleichungen führen, bei denen der Druck als Funktion von Dichtegliedern dargestellt wird, bei denen die Dichte mit unterschiedlichen Potenzen eingeht. Aus der Theorie der seismischen Wellen und der Auswertung seismischer Beobachtungen erhält man geophysikalische Inkompressibilitätswerte in Abhängigkeit von der Tiefe im Erdinnern, denen entsprechende Dichteabhängigkeiten auf der Grundlage geophysikalischer Modelle zugeordnet werden können. Mit Hilfe der Zustandsgleichung ist es möglich, die Inkompressibilitätswerte des Erdinnern auf normale Bedingungen an der Erdoberfläche zurückzuberechnen. Diese Normalwerte werden mit entsprechenden Laborwerten verglichen und gestatten somit in grober Näherung gewisse Aussagen über mögliche Materialeigenschaften im Erdinneren. Umgekehrt können Laborwerte mit Hilfe der Zustandsgleichungen auf die Verhältnisse im Erdinnern umgerechnet werden. Teilt man die HELMHOLTZsche freie Energie in einen Energieanteil bei der Temperatur absolut 0°K (d.h. also in einen temperaturunabhängigen Anteil) und in einen temperaturabhängigen Anteil auf, so ergeben sich aus diesem Ansatz weitere Möglichkeiten für die Physik des Erdinnern, auf die erstmals im Jahre 1956 in ausführlicher Form von DAWYDOW eingegangen wurde. Der temperaturunabhängige Anteil der freien Energie wird für die verschiedenen Typen fester Körper — im wesentlichen Ionenkristalle, Valenzkristalle und molekulare Kristalle — durch formelmäßige Erfassung der verschiedenen chemischen Bindungsanteile dargestellt. Der temperaturabhängige Anteil der freien Energie wird im allgemeinen durch die DEBYE-Theorie beschrieben. Hieraus ergeben sich neben der Möglichkeit zur Berücksichtigung der Temperaturverhältnisse in der Erde insbesondere Möglichkeiten zur Klassifizierung der Materialien im Erdinnern nach ihrem Bindungsverhalten.

Analoges scheint für die Erforschung des Mondes und auch der anderen Planeten möglich zu sein. Damit würden die thermodynamischen Ideen von HELMHOLTZ weit in die Zukunft führen. Es hat sich auf der letzten Welttagung in Moskau[1] klar gezeigt, daß wichtiges Erkenntnisgut über den Aufbau und den Zustand des Erdinneren und auch der Planeten auf Ideen von HERMANN VON HELMHOLTZ zurückgeführt werden kann.

Literaturauswahl

H. HELMHOLTZ, Zwei hydrodynamische Abhandlungen (Wirbelbewegungen und diskontinuierliche Flüssigkeitsbewegungen), Ostwald's Klassiker der exakten Naturw., Nr. 79, Leipzig, 1896.

H. v. HELMHOLTZ, Vorträge und Reden, Bd. I, Braunschweig, 1884.

H. HELMHOLTZ, Populäre wiss. Vorträge, Braunschweig, 1865.

H. v. HELMHOLTZ, Wissenschaftl. Abhandlungen (3 Bände), Leipzig, 1895.

L. KOENIGSBERGER, Hermann von Helmholtz (3 Bände), Braunschweig, 1902 und 1903.

W. v. BEZOLD, Gedächtnisrede auf Hermann von Helmholtz, gehalten in der Singakademie zu Berlin, am 14. 12. 1894. Leipzig, 1895.

J. PERNET, Nachruf auf Hermann von Helmholtz im Neujahrsblatt der naturforschenden Gesellschaft in Zürich, 1895.

M. PLANCK, Helmholtz' Leistungen auf dem Gebiete der theoretischen Physik. Allg. dt. Biographie 51, 1906, 470—472.
Vgl. auch: M. PLANCK, Physikal. Abhandlungen u. Vorträge, Band III. Braunschweig, 1958, Seite 321.

W. I. DAWYDOW, Über Zustandsgleichungen fester Körper.
Iswestija akademii nauk SSSR,
Seria geophysitscheskaja 1956, Heft 12, Seite 1511.

[1] Tagung der Internationalen Union für Geodäsie und Geophysik, Moskau, 1971.

A. KOSING, Ordentliches Mitglied der AdW

Zu den philosophischen Anschauungen von Helmholtz

Aus den Vorträgen von Herrn ALBRING und Herrn KLIX ist bereits deutlich geworden, daß HELMHOLTZ zu jenen Naturforschern gehört, welche sich bewußt um die philosophische Grundlegung und Interpretation ihrer fachwissenschaftlichen Arbeit bemühten und hierbei selbständige philosophische Leistungen vollbrachten, die auch heute noch unser Interesse verdienen. Dieses Bestreben, Fachwissenschaft und Philosophie zu verbinden, gehört zu den besten Traditionen der deutschen Wissenschaft, die von uns zu würdigen und zu entwickeln sind. HELMHOLTZ' Ringen mit den philosophischen, speziell mit den erkenntnistheoretischen, Problemen ist lehrreich und anregend auch für die heute aktuelle Aufgabenstellung der engeren Verbindung der naturwissenschaftlichen Arbeit mit der Philosophie des dialektischen Materialismus. Da es hier nicht möglich ist, die philosophische Gedankenentwicklung von HELMHOLTZ ausführlich zu würdigen, möchte ich nur auf einige wichtige Gesichtspunkte hinweisen, um damit die Ausführungen von Herrn ALBRING und Herrn KLIX zu ergänzen.

Es wäre verfehlt, HELMHOLTZ, dessen philosophische Grundposition ohne Zweifel ein naturwissenschaftlich orientierter und begründeter Materialismus war, einfach dem dialektischen Materialismus anzunähern, ihn gewissermaßen als einen spontanen, unbewußten Vertreter des dialektischen Materialismus zu betrachten. Seine philosophische Entwicklung war widerspruchsvoll, sie enthielt Inkonsequenzen, fehlerhafte Auffassungen, Abweichungen von der materialistischen Grundposition und Zugeständnisse an den Agnostizismus. Seine philosophischen Auffassungen können nicht mit denen des dialektischen Materialismus identifiziert werden. Aber ebenso verfehlt wäre es, seine Anschauungen einfach abstrakt und unhistorisch am heutigen philosophischen Erkenntnisstand zu messen und nach dem Motto 'es gibt sowohl Positives als auch Negatives' eine nichtssagende eklektische Aufzählung vorzunehmen.

Völlig falsch aber wäre es nun, HELMHOLTZ, der bedeutende Leistungen auch im philosophischen Bereich vollbracht hat, der unwissenschaftlichen idealistischen Philosophie zu überlassen, besonders dem Neopositivismus, der die Autorität von HELMHOLTZ ausnutzen möchte, um seine wissenschaftliche Reputation zu erhöhen. Was allein möglich ist für eine Würdigung seiner philosophischen Arbeit: das ist ein historisches Verständnis und eine historische Wertung, welche die konkreten sozialen, politischen und geistigen Bedingungen seiner Zeit und die sich daraus ergebenden Möglichkeiten, aber auch Grenzen, in Betracht zieht. Von dieser Warte aus ist zu prüfen, welche weiterführenden Einsichten und Ansätze HELMHOLTZ auch in philosophischer Hinsicht gewonnen hat, wie sie in ihrer Zeit wirkten, die zukünftige Entwicklung befruchteten oder auch in Einzelfragen fehlorientierten. Dies ist das Herangehen, welches den methodischen Forderungen des dialektischen und historischen Materialismus entspricht. In den hier schon erwähnten kritischen Wertungen der Anschauungen HELMHOLTZ' durch LENIN in seinem Werk „Materialismus und Empiriokritizismus" bildete es den Leitfaden. LENIN kritisierte HELMHOLTZ von der Position des dialektischen Materialismus, aber er verwarf seine Auffassungen nicht einfach, sondern stellte fest, daß HELMHOLTZ infolge widersprüchlicher Gedankenentwicklungen, infolge des Unvermögens, zu dialektisch-materialistischen Lösungen vorzustoßen, seinen materialistischen Ausgangspunkt in gewisser Weise selbst unterhöhlte und zu Konzessionen an den Agnostizismus gelangte. Dieser verschämte Materialismus, wie LENIN sich ausdrückte, müsse von der Position des konsequenten Materialismus aus kritisiert und korrigiert werden.

Eine richtige Wertung der philosophischen Gedankenentwicklung von HELMHOLTZ muß auch berücksichtigen, was HELMHOLTZ seinerzeit an philosophischen Theorien und Instrumentarien vorfand, die er zu seiner Arbeit benutzen konnte. Wir müssen uns vergegenwärtigen, daß ihm die philosophischen Anschauungen von MARX und ENGELS aus verschiedenen Gründen noch verschlossen bleiben mußten. Einmal weil ein, zwar liberal denkender, aber immerhin in Preußen beamteter, Wissenschaftler durch soziale Stellung, ideologisches und geistiges Milieu, mit all den sich daraus ergebenden Vorurteilen gegenüber der Arbeiterbewegung und dem Sozialismus, in der Regel keinen Zugang zu dieser revolutionären Theorie finden konnte, zum anderen aber auch, weil die philosophischen Erkenntnisse von MARX und ENGELS selbst schwer zugänglich waren, denn ihre Massenwirksamkeit begann im wesentlichen erst mit den Schriften von Engels in den 80er Jahren.

Was stand also HELMHOLTZ in philosophischer Hinsicht zur Verfügung, wenn wir etwa die Mitte des vorigen Jahrhunderts ansetzen? Einerseits der flache naturwissenschaftliche Materialismus, wie er von VOGT, BÜCHNER und MOLESCHOTT vertreten wurde, der bekanntlich von MARX und ENGELS als Vulgärmaterialismus charakterisiert wurde. Das schließt nicht aus, daß dieser

Materialismus eine gewisse Rolle in der Geschichte der Naturwissenschaften und des philosophischen Denkens gespielt hat. Aber wir dürfen nicht übersehen, daß er insbesondere im Bereich der Erkenntnistheorie mit schwerwiegenden Mängeln behaftet war, so daß er für das Anliegen von HELMHOLTZ, so komplizierte Probleme des menschlichen Erkenntnisprozesses wie den Wahrnehmungsvorgang zu erklären, absolut ungeeignet war. Und andererseits standen HELMHOLTZ weiter Überreste der klassischen deutschen Philosophie zur Verfügung, insbesondere bestimmte Elemente der KANTschen Philosophie. Im Vordergrund stand hier der KANTsche Apriorismus, d.h. der Teil von KANTS philosophischen Anschauungen, der wohl am wenigsten verdiente, fortzuwirken, und der am wenigsten progressiv und produktiv wirken konnte. Dieser KANTsche Apriorismus hat auf HELMHOLTZ zunächst einen großen Einfluß ausgeübt, und zwar über seinen Lehrer JOHANNES MÜLLER. Dieser hatte das von ihm formulierte Gesetz von der spezifischen Sinnesenergie in einer sehr oberflächlichen Weise mit KANTS Apriorismus verbunden und daraus die Grundlage für einen physiologischen Apriorismus gewonnen. Es ist offensichtlich, daß HELMHOLTZ zu Beginn seiner philosophischen Gedankenentwicklung zunächst sehr stark unter dem Einfluß dieses physiologischen Apriorismus gestanden hat. Es bewahrheitet sich hier das Wort von FRIEDRICH ENGELS: Die Naturforscher können sich zur Philosophie stellen wie sie wollen, sie entgehen ihrem Einfluß nicht, und es kommt dann sehr darauf an, von welcher Philosophie und welchen philosophischen Anschauungen sie beherrscht werden.

Was uns nun aber Bewunderung abverlangt, das ist die Tatsache, daß HELMHOLTZ sich nicht lange von dieser schwachen Philosophie beherrschen ließ, sondern auch im philosophischen Bereich eine große Selbständigkeit an den Tag legte. Er rang darum, die Enge und Borniertheit des Vulgärmaterialismus ebenso zu durchbrechen wie den idealistischen Charakter der vorherrschenden philosophischen Lehrmeinungen. HELMHOLTZ ging in seiner gesamten Arbeit von einer materialistischen Grundposition aus, nämlich von der Überzeugung, „daß die Dinge, welche wir objektiv wahrnehmen, reell bestehen und auf unsere Sinne wirken“. Er nannte dies den Standpunkt des gewöhnlichen Lebens und der Naturwissenschaft, welcher „geprüft und bestätigt in außerordentlich weiten Kreisen der Anwendung, scharf definiert in allen Einzelbestimmungen und deshalb außerordentlich brauchbar und fruchtbar als Grundlage für das Handeln“ dient. Dieser materialistischen Grundüberzeugung, die freilich weitgehend auf die Erklärung der Natur beschränkt blieb, entsprach die erkenntnisoptimistische Auffassung, daß die Welt prinzipiell erkennbar ist, was HELMHOLTZ oft das „Vertrauen auf die vollkommene Begreifbarkeit der Natur“ genannt hat. Er definierte es geradezu als den

Zweck der Wissenschaft, „die Natur zu begreifen“, wozu man eindeutig „von der Voraussetzung ihrer Begreiflichkeit ausgehen müsse“.

Diese Feststellung scheint nun doch in Widerspruch zu dem auch von LENIN konstatierten und kritisierten Agnostizismus zu stehen, welcher in HELMHOLTZ' Auffassung wirksam war. Und hier ist in der Tat ein echter Entwicklungswiderspruch in seinen philosophischen Auffassungen sichtbar.

Entscheidend für die Bewertung dieser agnostizistischen Elemente ist jedoch, daß sie nicht einer generellen Position des Agnostizismus entspringen, sondern daß sie aus der Schwierigkeit und dem schließlichen theoretischen Unvermögen resultieren, mit den seinerzeit vorhandenen philosophischen Mitteln eine Grundfrage des gesamten wissenschaftlichen Erkennens zu lösen, nämlich den Abbildcharakter der Wahrnehmung zu verstehen und zu erklären. Aber es besteht hier ein ganz grundsätzlicher Unterschied zwischen HELMHOLTZ und seinem Freund DU BOIS-RAYMOND, der zu einer agnostizistischen Grundhaltung gelangte, welche er in die Worte kleidete „ignoramus, ignorabimus“. Von einer solchen Grundhaltung war HELMHOLTZ weit entfernt. Er ging davon aus, daß die materielle Welt, die es zu erkennen gilt, von einer strengen gesetzlichen Ordnung durchwaltet ist, daß hier ein durchgängiger Kausalnexus herrscht, der es gestattet, zu einer echten Erkenntnis zu gelangen.

Das Wesen des menschlichen Erkennens war nun für HELMHOLTZ eines der großen Probleme, das in Zusammenhang mit der Wahrnehmungstheorie, über die Herr KLIX hier schon gesprochen hat, seine besondere philosophische Aufmerksamkeit hervorrief. Leider ist auch in unserer Literatur die Auffassung verbreitet, daß HELMHOLTZ in Bezug auf diese Fragestellung einfach zu einer Ablehnung der Abbildtheorie des Erkennens gelangt sei. Ich halte das für eine unzulässige Verallgemeinerung und werde das noch begründen. Gerade in dieser Problematik des Abbildcharakters der Wahrnehmung und damit der menschlichen Erkenntnis überhaupt zeigt sich sehr anschaulich und sehr eindrucksvoll das schöpferische Ringen HELMHOLTZ' um die tiefere Lösung erkenntnistheoretischer Fragen, die von fundamentaler Bedeutung für die Wissenschaft sind. HELMHOLTZ stand hier vor einem Widerspruch im wissenschaftlichen Erkennen, welcher aber zugleich als Motor seiner erkenntnistheoretischen Überlegung wirkte und zu einer enormen Entwicklung seiner Auffassungen in diesem Gebiet führte. In der von Herrn KLIX schon genannten Arbeit „Über die Natur der menschlichen Sinnesempfindungen“ aus dem Jahre 1852 sehen wir, daß HELMHOLTZ noch völlig unter dem Einfluß seines Lehrers JOHANNES MÜLLER stand und die Empfindungen ausschließlich für Symbole hält, welche nichts über die Wirklichkeit aussagen können. Hier haben wir in der Tat noch eine völlige Ablehnung der Abbildtheorie. Diese war teilweise aber auch durch den stark vereinfachenden und mechanischen Charakter der entsprechenden Auffassungen des früheren Materialismus motiviert, der das Problem zwar formulieren, aber keineswegs lösen konnte. Hinzu kam, daß sich grundlegende physikalische, physiologische und psychologische Befunde mit dieser vereinfachten mechanischen Abbildtheorie einfach nicht erklären und vereinbaren ließen. Das führte HELMHOLTZ zunächst zu einer solchen Auffassung. Es zeugt nun aber gerade von der Kraft seiner materialistischen Grundüberzeugung und von seinem schöpferischen Herangehen an die philosophischen Probleme, daß er sich mit dem an KANT orientierten physiologischen Apriorismus nicht zufrieden gab, sondern nach Lösungen suchte, die sowohl mit seiner materialistischen Grundüberzeugung als auch mit den wissenschaftlichen Tatsachen in Einklang standen. Die in einem längeren Erkenntnis- und Entwicklungsprozeß gewonnenen Einsichten hierüber hat er dann in seiner Arbeit „Die Tatsachen in der Wahrnehmung" aus dem Jahre 1878 formuliert. Zwar blieb er auch hier dabei, daß die *einzelne Wahrnehmung* kein Abbild, sondern nur ein Zeichen sei. Zu diesem Schluß kam HELMHOLTZ, weil die physikalischen und physiologischen Befunde ergeben hatten, daß eine strenge Ähnlichkeit zwischen dem Zeichen und dem Bezeichneten, zwischen der Wahrnehmung und dem Wahrgenommenen, nicht besteht, er aber ihre Ähnlichkeit für das Kriterium des Abbildcharakters hielt. Tatsächlich existiert eine solche strenge Ähnlichkeit nicht, wie wir heute wissen. Erst durch die neueren Resultate der Sinnes- und der Neurophysiologie wie auch durch die Anwendung der Informationstheorie ist es möglich geworden, den Vorgang der Abbildung der objektiven Realität in der Wahrnehmung als Prozeß der Kodierung und Dekodierung von Informationen zu erklären. Aber, und das ist nun das Entscheidende, HELMHOLTZ erkannte in dieser Arbeit erstens die *Objektivität der Wahrnehmung* in dem Sinne an, daß sie kausal durch die objektive Realität verursacht wird. Zweitens erkannte er an, daß zwischen der Gesamtheit der Wahrnehmungen und der wahrgenommenen Realität eine *bestimmte Ähnlichkeit* bestehe, nämlich Strukturgleichheit (und dieser Gedanke ist von allergrößter Bedeutung für die künftige Entwicklung der wissenschaftlichen Erkenntnistheorie geworden). Drittens folgerte er daraus, daß diese Ähnlichkeit, die man mit Strukturgleichheit umschreiben könnte, ausreiche, um die *objektiven Gesetzmäßigkeiten der realen Welt zu erkennen*, und viertens schließlich bezeichnete er die *Erkenntnis der Gesetzmäßigkeiten* selbst eindeutig als *Abbildung*.

HELMHOLTZ schrieb wörtlich: „Wenn also unsere Sinnesempfindungen in ihrer Qualität auch nur *Zeichen* sind, deren besondere Art ganz von unserer Organisation abhängt, so sind sie doch nicht als leerer Schein zu verwerfen, sondern sie sind eben Zeichen von Etwas, sei es etwas Bestehendem oder

Geschehendem, und was das Wichtigste ist, das Gesetz dieses Geschehens können sie uns abbilden." Durch diese Auffassung des Erkennens, welche die Gesamtheit der Wahrnehmungen und der theoretischen Schlüsse, die sich daraus ergeben, für eine Abbildung der Gesetzmäßigkeiten der objektiven Realität hält und nur die einzelne Wahrnehmung für ein Zeichen, vertrat HELMHOLTZ meines Erachtens im Bereich der Naturwissenschaft die damals fortgeschrittenste und differenzierteste erkenntnistheoretische Position außerhalb der marxistischen Philosophie. Die Leugnung des Abbildcharakters der *einzelnen* Wahrnehmung war ein Zugeständnis an den Agnostizismus, und das bleibt einer der ungelösten Widersprüche in den philosophischen Anschauungen von HELMHOLTZ. Diese Konzession wurde durch LENIN von den Positionen des dialektischen Materialismus aus kritisiert.

Es bedeutet aber eine völlige Verfälschung sowohl seines Anliegens, seiner Denkrichtung als auch seiner schließlichen philosophischen Auffassungen, wenn HELMHOLTZ in der bürgerlichen Philosophiegeschichtsschreibung als ein Wegbereiter und Anhänger des Neukantianismus hingestellt wurde. Diese oberflächliche Methode, gewisse Analogien, die zwischen dem von JOHANNES MÜLLER begründeten physiologischen Apriorismus und dem System der Erkenntnistheorie KANTS bestehen, als Begründung für die These zu nehmen, HELMHOLTZ sei ein Kantianer gewesen, hält keiner Kritik stand. Sehr eindrucksvoll hat das Herr KLIX am Beispiel der Widerlegung der KANTschen Auffassung von der apriorischen Anschauungsform des Raumes durch HELMHOLTZ gezeigt; ich möchte mich darauf nur berufen.

Später wurde HELMHOLTZ in der bürgerlichen Philosophie als einer der naturwissenschaftlichen Stammväter des Positivismus ausgegeben. Bedauerlicherweise findet man Anklänge an solche Legenden mitunter auch noch in marxistischen Arbeiten. Tatsächlich haben sich diese Strömungen der idealistischen Philosophie, der Neukantinismus und der Neopositivismus, der Autorität des großen Naturforschers bedient, um ihre wissenschaftliche Reputation zu erhöhen. Aber sie konnten das nur um den Preis einer weitgehenden idealistischen und subjektivistischen Umdeutung seiner wirklichen philosophischen Auffassung und Einsichten. Das muß mit aller Schärfe besonders in bezug auf MORITZ SCHLICK gesagt werden, den Begründer des sogenannten „Wiener Kreises", der speziell darum bemüht war, HELMHOLTZ für den Positivismus zu reklamieren. Ich muß es mir aus Zeitgründen versagen, im einzelnen nachzuweisen, wie SCHLICK gezwungen war, zu regelrechten Fälschungen der Auffassungen von HELMHOLTZ zu greifen, um einen derartigen Anspruch aufrechtzuerhalten. Ich glaube, es gehört auch zur Würdigung der unvergänglichen Leistungen von HELMHOLTZ, derartige Entstellungen und Fehlinterpretationen zurückzuweisen und die wahre, vorwärtsweisende Bedeutung seiner philosophischen, speziell seiner erkenntnistheoretischen Leistungen sichtbar zu machen.

LENIN hat in einem anderen Zusammenhang den aufschlußreichen Satz geprägt, daß die Physik durch ihre Entwicklung dabei sei, den dialektischen Materialismus zu gebären. Im weiteren Sinne gehört wohl auch HELMHOLTZ in diese Entwicklungslinie, welche den dialektischen Materialismus als Konsequenz des naturwissenschaftlichen Denkens und zugleich als weltanschauliche und erkenntnistheoretische Basis der Wissenschaften notwendig macht. Gerade unter diesem Blickpunkt betrachtet, können die philosophischen Leistungen HELMHOLTZ' — in ihren Stärken wie in ihren Schwächen — auch heute eine stimulierende Wirkung auf die engere Verbindung der Naturwissenschaften mit der marxistisch-leninistischen Philosophie ausüben.

R. ROMPE, Ordentliches Mitglied der AdW

Einige Worte über Helmholtz und die Physikalisch-Technische Reichsanstalt

HELMHOLTZ war von 1888 bis zu seinem Tode 1894 Präsident der Physikalisch-Technischen Reichsanstalt (im folgenden PTR), an deren Zustandekommen und Aufbau er großen Anteil hatte. Es war dies eine wissenschaftsorganisatorische Leistung von bedeutender Auswirkung auf die Entwicklung der modernen Wissenschaft und Technik.

Die ersten Gedanken und Vorschläge für die Errichtung einer staatlichen Anstalt zur Förderung der „exakten Wissenschaft und Präzisionstechnik" gehen auf das Jahr 1872 unter führender Beteiligung von HELMHOLTZ zurück. 1873 wurde vom Generalfeldmarschall Graf Moltke eine Fachkommission berufen, welche in dem folgenden Jahr Vorschläge „zur Hebung der wissenschaftlichen Mechanik und Instrumentenkunde" ausgearbeitet hat, die in gerader Linie nach längeren Verhandlungen und Wechsel der Kompetenz schließlich 1888 zur Gründung der PTR und Berufung HELMHOLTZ' als Präsident derselben führten.

Bemerkenswert ist, daß für das Zustandekommen der PTR ein abermaliges Eingreifen von Feldmarschall Moltke erforderlich war (1883), welcher eine Konferenz zur Beratung des Projektes anordnete. Auf dieser Konferenz ergriff W. SIEMENS die Initiative, und setzte durch seine wissenschaftliche Autorität, aber auch durch sein Gewicht als Unternehmer die erfolgreiche Behandlung des Projektes durch. Aus dieser Konferenz ging eine Denkschrift hervor.

Aber erst ein Legat von SIEMENS in Höhe von einer halben Million Reichsmark (im wesentlichen in Liegenschaften) führte die positive Entscheidung herbei. Hierüber existiert ein Schreiben von W. SIEMENS an die Reichsregierung (20. 3. 1884). Manches an diesem Schreiben ist bemerkenswert, etwa der Anfang: „Die staatlichen Einrichtungen zur Förderung des wissenschaftlichen Fortschritts beschränken sich im allgemeinen darauf, für den naturwissenschaftlichen Unterricht zu sorgen. Man könnte sagen, daß sie hierin vielleicht quantitativ zu viel tun. Namentlich gilt dies von Deutschland, aus dessen ausgezeichneten Unterrichtsanstalten jährlich eine Menge hochgebildeter junger Gelehrter hervorgehen, welche im Staatsdienste und im Privatleben kaum eine andere Verwendung finden als im Lehrfache, nämlich zur Neuerzeugung derselben Spezies! Für die Fortentwicklung der Wissenschaft selbst findet sich keine Organisation; es ist diese der Privattätigkeit der Lehrer in ihren Mußestunden und physikalisch gebildeten Privatleuten überlassen ..."

Es ist nicht verständlich, warum ein Anfang der 70er Jahre so energisch, unter Vorsitz eines leitenden Militärs, begonnenes Projekt erst nach 15 Jahren und dann nur mit privater Hilfe seine Realisierung fand. Im Archiv des VEB Carl Zeiss befindet sich ein Brief des Geheimrat Busch in Rathenow aus der zweiten Hälfte der 70er Jahre, gerichtet an das damalige preußische Kriegsministerium. In diesem Brief wird auf die anläßlich des Feldzuges gegen Frankreich 70/71 zutage getretene Überlegenheit der französischen optisch-feinmechanischen Industrie hingewiesen (sie führte zu einer hohen Leistungsfähigkeit der französischen Artillerie), und es werden energische Maßnahmen gefordert, um angesichts der für das Ende des Jahrhunderts erwarteten erneuten militärischen Auseinandersetzungen mit Frankreich die Überlegenheit auf diesem militär-technisch so wichtigen Gebiet zu erringen. Dieser Brief des Geheimrats Busch führte damals zur Förderung der Jenaer optischen Industrie und schließlich etwa im gleichen Jahr wie die Gründung der PTR zur Gründung der Carl-Zeiss-Stiftung. Man darf wohl annehmen, daß das Jenaer Projekt einflußreichen Kreisen des Kriegsministeriums konkreter und erfolgversprechender erschien, während das Berliner Projekt mit seiner Verbindung zur im Enstehen begriffenen elektrotechnischen Industrie militärtechnisch noch nicht erfaßt war.[1]

HELMHOLTZ als Präsident der PTR sollte nach Ansicht der Gründer von seinen umfangreichen Lehrverpflichtungen entlastet werden, um sich ganz seinen hervorragenden Forschungsarbeiten widmen zu können. Zu diesem Berufe wurde eine wissenschaftliche Abteilung neben der mechanisch-technischen geschaffen, für die HELMHOLTZ ein zweifellos interessantes Programm vorschlug:

„1. die genaue Bestimmung der Intensität der Schwere und Vergleichung dieser Intensität an verschiedenen Stellen der Erdoberfläche,

2. die absolute Messung der Gravitation oder die Bestimmung der mittleren Dichtigkeit der Erde,

[1] Für diese Vermutung spricht, daß einige Jahre später die Gründung der analogen „Chemischen Reichsanstalt", die von maßgebenden Wissenschaftlern gefordert wurde, am Widerstand der Großindustrie scheiterte. Vgl. hierzu: G. Wendel, Diss. Leipzig 64.

3. die Fortsetzung der genauen Bestimmung der Geschwindigkeit des Lichtes in irdischen Entfernungen, welche Bestimmung geeignet ist, die kosmischen Entfernungen auf irdisches Längenmaß zu reduzieren;

4. in der Lehre von den magnetischen Wirkungen der elektrischen Ströme spielt eine der Lichtgeschwindigkeit, wie es scheint, genau gleiche Geschwindigkeit, von W. Weber als die kritische bezeichnet, eine fundamentale Rolle. Ihre Gleichheit mit der Lichtgeschwindigkeit scheint mir eine wesentliche innere Verwandtschaft zwischen optischen und den elektrischen Vorgängen anzuzeigen. Die Einsicht in die rätselhaften Seiten namentlich der elektromagnetischen Erscheinungen scheint hier einen leitenden Faden gewonnen zu haben, der uns wahrscheinlich zum tiefsten Grunde derselben führen wird;

5. Untersuchungen über die elektrischen Maßeinheiten,

6. die Messungen über Druck und Dichtigkeit der Gase und Dämpfe bei verschiedenen Temperaturen und die Messung der dabei verbrauchten Wärmemengen."

Dieses Programm ist aufschlußreich, es zeigt, wie außerordentlich treffend Helmholtz die Entwicklung der Physik und der mit dieser verbundenen Naturwissenschaften zu beurteilen fähig war. Besonders bedeutungsvoll ist der Punkt 4., da hier die glänzenden Ergebnisse der Arbeiten von H. Hertz und später M. Planck angesprochen werden.

Die Entwicklung der PTR und ihre Bedeutung kann man durch die Namen ihrer Präsidenten positiv kennzeichnen: nach Helmholtz: Kohlrausch, E. Warbung, W. Nernst, F. Paschen, J. Starck. Es sind das alles hervorragende, weltbekannte Physiker, Nernst und Starck Nobelpreisträger. Aber bereits vor Ausbruch des ersten Weltkrieges war man sich im klaren, daß die große Zeit der PTR etwa mit der Präsidentschaft Kohlrauschs vorbei war. Trotzdem fanden sich in der Liste der Mitarbeiter weiterhin Namen von Weltruf. Ihre wissenschaftliche Rolle als Institution war nach dem ersten Weltkrieg soweit abgesunken, daß F. Paschen das bekannte Wort aussprechen konnte: „Die Herren aus der PTR sind keine Physiker; sie machen Aufgaben aus dem großen Kohlrausch, dies allerdings mit höchster Präzision." Nernst und Paschen, so große Forscherpersönlichkeiten sie waren, gehen in die Geschichte der PTR als deren Leiter vor allem durch eine Fülle geistreicher Aussprüche und Anekdoten ein, die den Abstieg nur sichtbarer machen, Starck, Parteigänger Hitlers, vertrat wissenschaftlich unhaltbare Ansichten. Es muß auch berücksichtigt werden, daß die 1911 gegründete Kaiser-Wilhelm-Gesellschaft zur Förderung der Wissenschaften wesentlich mehr den Wünschen der Monopolfirmen entsprach als ein Staatsinstitut für Forschung.

Immerhin hat der Impuls Helmholtz' 20 Jahre vorgehalten. In diesen 20 Jahren wurden wesentliche Fundamente für die moderne Physik gelegt vor allem die Entdeckung des Wirkungsquantums durch M. PLANCK, 11 Jahre nach der Gründung, basierend auf Messungen der Spektralverteilung des Schwarzen Körpers. Diese wurde im Zusammenhang mit einer technischen Aufgabe, der Schaffung eines photometrischen Normals, durchgeführt.

Anläßlich seiner Berufung zum Präsidenten wurde seine Tätigkeit und sein Wirken von kompetenter Seite eingeschätzt. So äußerte sich der Unterrichtsminister von Gosslar in einem Schreiben an den Reichskanzler Fürsten von Bismarck, in dem er um die Genehmigung nachsuchte, HELMHOLTZ auch weiterhin nach der Bestallung als Präsident der PTR eine Vorlesung von 1—3 Stunden halten zu lassen, wie folgt: „Für die Universität aber ist es von größter Bedeutung, daß ihr auf diese Weise, wenn auch in engster Begrenzung, der Mann erhalten bleibt, der schon seit Jahren als ihr wissenschaftliches Haupt anzusehen ist und der mehr als andere dazu beigetragen hat und beitragen wird, innerhalb derselben auf wissenschaftlichem Gebiet den Gegensatz zwischen Natur- und Geisteswissenschaften auszugleichen und auf politischem Gebiete den maßvollen konservativen Sinn zu pflegen, in welchem die Universität Berlin gegenwärtig den deutschen Hochschulen tonangebend vorangeht. Auch aus diesen allgemeinen Gesichtspunkten wird es sich daher empfehlen, von Helmholtz der Universität nicht ganz zu entziehen, sondern seine Verbindung mit derselben in der vorgeschlagenen Beschränkung zu erhalten...."

Die philosophische Fakultät schloß sich dieser Bitte an und äußerte sich in einem von KRONECKER und ZELLER vorgeschlagenen Brief wie folgt: „Zu dieser Bitte bestimmt uns ebenso die eminente Bedeutung, welche es für das Ansehen und Wirken der gesamten Universität hat, einen Mann von solchem Weltruf unter ihren Dozenten zu besitzen, wie das außerordentlich große Gewicht, welches seinem Wort und Rat von der Fakultät in ihren Sitzungen beigelegt wird. Wie Ew. Exzellenz bekannt, erstreckt sich Herrn von Helmholtz's geniale Meisterschaft auf mehrere, seine eindringende Kennerschaft auf sämtliche mathematisch-naturwissenschaftliche und auch auf philosophische und literarische Disziplinen.

Dieses einzigen Mannes Urteil ist aber darum von ganz besonderem Wert und selbst durch die Summe der Urteile der einzelnen Fachmänner nicht zu ersetzen, weil es sich gerade in den Fragen, welche der Fakultät vorliegen, fast immer um gegenseitige Abwägung der Interessen verschiedener Disziplinen handelt; und wer diese alle im Geiste vereinigt und zusammen übersieht, vermag die ebenso schwierige als wichtige Aufgabe offenbar richtiger und vollständiger zu lösen."

Es ist nicht zu bezweifeln, daß sowohl die Beurteilung der wissenschaftlichen Bedeutung wie der politischen Stellung HELMHOLTZ' in diesen beiden Schreiben zutreffend gegeben wird.

Es drängt sich nur die Frage auf, warum damals von keiner Seite der Vorschlag gemacht wurde, einer so einmaligen wissenschaftlichen Persönlichkeit wie HELMHOLTZ es war, deren Bedeutung in der gesamten wissenschaftlichen Welt anerkannt wurde — so erhielt er gleichzeitig mit seinem Ruf an die Berliner Universität 1871 einen Ruf als Professor für Physik nach Cambrigde —, daß einer solchen Persönlichkeit nicht an der Akademie eine entsprechende Betätigungsmöglichkeit gesichert werden konnte. Das um so mehr, als er seit seiner Berufung 1871 an die Universität die Hälfte seiner Bezüge (2000 RTh) über den Etat der Akademie erhielt.

Vielleicht ist es erlaubt, als Begründung hierzu das Urteil HARNACKS in seiner Denkschrift für die Gründung einer Kaiser-Wilhelm-Gesellschaft zur Förderung der Wissenschaften aus dem Jahre 1911 heranzuziehen, der den Anschluß von Forschungsinstituten an die Akademie nicht für zweckmäßig hielt, da die Auswahl der Akademiemitglieder als bedeutende Einzelforscher keine Gewähr für ihre Leistungsfähigkeit als Träger einer Forschungsorganisation gäbe. Sicher haben derartige Erwägungen auch damals eine Rolle gespielt.

Wenn man die zahlreichen aus jenen Tagen erhaltenen Briefe, Notizen und Eingaben durchsieht, dann kann man sich nicht dem Eindruck entziehen, daß das wissenschaftliche Leben, auf das die Mitglieder der Akademie maßgeblichen Einfluß hatten, in dem engen Rahmen und zahlenmäßig kleinen Kreis, in dem es sich damals abgespielt hat, erstaunlich entwickelt war. Schnellster Austausch von Gedanken, Diskussion von Ergebnissen, kurzfristiger Ansatz experimenteller Arbeiten führten zu bemerkenswerten Resultaten. Die enge Verbindung von Akademie und Universität wirke sich positiv aus.

Meiner Meinung nach sehen wir hier ein Beispiel für die Entwicklung der Wissenschaft in der *vorimperialistischen Zeit.* Der Konkurrenzkampf der Monopole hat noch nicht auf die Wissenschaft übergegriffen und „die guten Sitten verdorben". Dementsprechend findet noch keine Abkapselung der — angeblich nutzlosen — fundamentalen Gebiete von den angewandten Gebieten statt. HELMHOLTZ ist ebenso theoretisch-mathematischer Physiker wie Konstrukteur von Apparaten und Vorrichtungen. Die Überbetonung der sogenannten „reinen Wissenschaft" ist noch nicht Ausdruck des Kampfes gegen Verflachung der Wissenschaft im Profitinteresse, die der „Autonomie der Wissenschaft" noch nicht Existenzforderung gegen Unternehmerwillkür.

Wenn man versucht in dieser Situation die besondere Rolle HELMHOLTZ' zu würdigen, so kann man sich vorstellen, daß er in seiner gesellschaftlichen Stellung diesen Entwicklungstendenzen der Wissenschaft im damaligen Deutschen Reich kein besonderes Verständnis entgegenbrachte. Er hat den Niedergang der Reichsanstalt nicht erlebt und auch nicht vorausgesehen. Ganz sicher ist die großartige HELMHOLTZsche Konzeption der Reichsanstalt durch die Entwicklung der großen Monopole beeinträchtigt worden. Sie glaubten auf die Kaiser-Wilhelm-Gesellschaft, die ja durch Dotationen finanziell viel direkter an sie gebunden war, einen wesentlich größeren Einfluß ausüben zu können als auf diese ihnen nicht direkt zugängliche staatliche Einrichtung.

Es ist festzustellen, daß die Beurteilung der Person HELMHOLTZ' etwa im Verhältnis zu seinem Freunde und Kollegen KIRCHHOFF, der ja auch ein sehr bedeutender Physiker war, sehr gut und gerecht war. Die philosophische Fakultät der Berliner Universität hat bekanntlich 1871 beide gleichzeitig berufen.

Sie schrieb:

„Wenn Helmholtz der genialere und umfassendere Forscher ist, so ist Kirchhoff der geschultere Physiker und der bewahrtere Lehrer; während Helmholtz immer produktiv, mit immer neuen Problemen innerlich beschäftigt ist, hat Kirchhoff mehr Lust und Liebe zum Lehren, seine Vorträge sind durch musterhafte Klarheit und Abrundung ausgezeichnet; er ist auch, um Arbeiten von Anfängern zu leiten, nach allem, was wir hören, geeigneter als Helmholtz ..."

Wie haben in den letzten 10 Jahren die Bedeutung interdisziplinarer Wechselwirkung studiert und haben sie bei der Entwicklung unserer Akademie als der Akademie eines sozialistischen Staates bewußt berücksichtigt. Rückschauend kann man wohl sagen, daß HELMHOLTZ neben seinen ungewöhnlich bedeutungsvollen Leistungen in der Physik, in der Physiologie, und dann in den meisten naturwissenschaftlichen Disziplinen die Ergebnisse und Forschungsmethoden der Physik und Chemie mit großem Erfolg zur Bearbeitung grundlegender Probleme herangezogen hat. Daß hierzu außer hervorragenden Kenntnissen und Fähigkeiten ein enormes Maß an wissenschaftlichem Mut gehört, ist wohl klar, und daß bei einem solchen großen Unterfangen Irrtümer unterlaufen, ist auch verständlich.

Zur 100. Wiederkehr des Geburtstages von HELMHOLTZ, 1921, sagte EMIL WARBURG, dritter Präsident der PTR, u. a.:

„Für unser Thema handelt es sich darum, welche Stellung die Helmholtzsche Physik gegenwärtig einnimmt. Hierbei ist zunächst zu betonen, daß sie für die technische Anwendung die bei weitem fruchtbarste ist. In der Technik hat man es in der Regel mit wohlbekannten Elementargesetzen zu tun, es handelt sich um Anwendung derselben auf bestimmte Materialformen, mathematisch ausgedrückt, um Integration von Differentialgleichungen unter vorgeschriebenen Grenzbedingungen, und das war gerade die Stärke von Helmholtz und überhaupt der klassischen Physik."

K.-F. ALEXANDER, Korrespondierendes Mitglied der AdW

Zum Begriff der Kraft bei Helmholtz

Gemeinsam mit ROBERT MAYER und J. P. JOULE ist HELMHOLTZ der Begründer eines der wichtigsten Ergebnisse der Physik des neunzehnten Jahrhunderts: des zum erstenmal quantitativ gefaßten Satzes von der Erhaltung der Energie. Durch seine populären Vorträge und Schriften hat er auch viel dazu beigetragen, diesen fundamentalen Satz über die Grenzen der Fachwissenschaft hinaus bekanntzumachen.

Auch FRIEDRICH ENGELS hat sich in seinen Arbeiten zur Dialektik der Natur mit den HELMHOLTZschen Populären Schriften auseinandergesetzt. Bei aller Zeitbedingtheit der Ansichten ENGELS' zu Einzelfragen der Naturwissenschaft wird hier die philosophische Kritik der vorherrschenden Ansichten der damaligen Physiker auch aus heutiger Sicht durchaus an einer richtigen Stelle angesetzt. Das betrifft insbesondere den schillernden und seinerzeit nicht eindeutig verwendeten Begriff der „Kraft". HELMHOLTZ sprach ja nicht von der „Erhaltung der Energie", sondern von der „Erhaltung der Kraft", nicht von verschiedenen Energieformen, sondern von verschiedenen „Naturkräften". Es gibt hier den merkwürdigen Widerspruch, daß HELMHOLTZ in seinen Populären Schriften den Energiebegriff, den er selbst in seinen wissenschaftlichen Arbeiten so wesentlich bereichert und entwickelt hat, weitgehend vermeidet. Man könnte denken, daß hier vielleicht die Furcht mitspielte, von seinen Lesern und Hörern nicht verstanden zu werden. Aber der Grund scheint tiefer zu liegen.

HELMHOLTZ benutzt und entwickelt den Begriff „Energie" dort, wo er durch die Exaktheit des mathematischen Formalismus erforderlich wird. Wo es ihm dagegen um das naturwissenschaftliche Weltbild geht, bleibt er konsequent beim Begriff „Kraft", den er in seinem Innsbrucker Vortrag von 1869 sogar mit dem allgemeinsten Begriff des Naturgesetzes identifiziert: „So tritt uns das Gesetz als eine objektive Macht entgegen, und demgemäß nennen wir es Kraft." Hier tritt ganz deutlich das der Anschauung des mechanischen Materialismus entsprechende Auseinanderfallen der Welt in passiven „Stoff“ und diesen bewegende, gesetzmäßig wirkende „Kraft“ zutage[1].

Dem entspricht auch die Vorstellung, daß alle Kräfte letztendlich von gleicher Qualität seien: „Wenn alle elementaren Kräfte Bewegungskräfte, alle also gleicher Natur sind, so müssen sie alle nach dem gleichen Maße, nämlich dem Maße der mechanischen Kräfte, zu messen sein ... Das Gesetz, welches dieses ausspricht, ist unter dem Namen des Gesetzes von der Erhaltung der Kraft bekannt.“ Diese Auffassung war freilich in der Physik der zweiten Hälfte des neunzehnten Jahrhunderts die allgemein herrschende. Noch Anfang der neunziger Jahre drückt das HEINRICH HERTZ, der berühmteste Schüler von HELMHOLTZ, so aus: „Alle Physiker sind einstimmig darin, daß es die Aufgabe der Physik sei, die Erscheinungen der Natur auf die einfachen Gesetze der Mechanik zurückzuführen.“ In diesem Programm wird ganz explizit der qualitative Unterschied verschiedener Bewegungsformen der Materie geleugnet. Dementsprechend versuchte man z. B. die damals schon bekannten Gesetze der Elektrodynamik auf die mechanische Bewegung des Lichtäthers zurückzuführen.

Demgegenüber steht die Anschauung ENGELS' von qualitativ verschiedenen Bewegungsformen, die ineinander umschlagen können. ENGELS formuliert daher schon im Sinne der heutigen Auffassung den Energieerhaltungssatz als das „Gesetz von der Erhaltung und Verwandlung der Energie“.

Die ENGELSsche Diskussion zu den Begriffen „Kraft“ und „Energie“ mag uns heute in manchen Punkten abwegig erscheinen, z. B. wenn diese Begriffe in Beziehung gesetzt werden zu den Begriffen Attraktion und Repulsion.

[1] Die Identifizierung von Kraft und Naturgesetz ist bereits in der berühmten Abhandlung von 1847 „Über die Erhaltung der Kraft“ enthalten und wird von HELMHOLTZ noch im Jahre 1893 — wenn auch in abgeschwächter Form — in der Einleitung zu den Vorlesungen über theoretische Physik entwickelt und begründet. Selbstverständlich hat HELMHOLTZ nicht die primitive Auffassung vertreten, daß Kraft und Stoff unabhängig voneinander existenzfähig seien. Er sagt schon 1847: „Es ist einleuchtend, daß die Begriffe von Materie und Kraft in der Anwendung auf die Natur nie getrennt werden dürfen. Eine reine Materie wäre für die übrige Natur gleichgültig, weil sie nie eine Veränderung in dieser oder in unseren Sinnesorganen bedingen könnte; eine reine Kraft wäre etwas, was dasein sollte und doch wieder nicht dasein, weil wir das Daseiende Materie nennen. Ebenso fehlerhaft ist es, die Materie für etwas Wirkliches, die Kraft für einen bloßen Begriff erklären zu wollen, dem nichts Wirkliches entspräche; beides sind vielmehr Abstraktionen von dem Wirklichen, in ganz gleicher Art gebildet; wir können ja die Materie eben nur durch ihre Kräfte, nie an sich selbst, wahrnehmen.“ HELMHOLTZ besteht aber beständig darauf, daß diese Abstraktionen die wesentlichsten der Physik seien.

ENGELS weist jedoch auch aus heutiger Sicht mit Recht auf drei wesentliche Mängel des HELMHOLTZschen Kraftbegriffs hin.

1. Die damals gängige Vorstellung der Kraft enthielt eine mystische Komponente, die darin bestand, daß man jede noch unverstandene Naturerscheinung mit einer besonderen Kraft glaubte erklären zu können, von der „elektrischen Kontaktkraft" bis zur „Lebenskraft". Und ENGELS stellt mit Recht fest, daß „es in jeder Naturwissenschaft, selbst in der Mechanik, jedesmal ein Fortschritt (ist), wenn man das Wort Kraft irgendwo los wird". HELMHOLTZ hat selbst einen hartnäckigen Kampf gegen die mystischen Kräfte der spekulativen Naturforschung geführt. Seine Identifizierung von Kraft und Gesetz zeigt aber, und das hat ENGELS sehr genau erkannt, daß hier noch ein „Mangel an Wissenschaft von der Natur des Gesetzes und seiner Wirkungsweise" vorliegt.

2. Der Kraftbegriff ist doppeldeutig. Einerseits wurde er schon im Sinne des modernen Kraftbegriffs benutzt, also etwa im Sinne einer Feldstärke, oder wie ENGELS es ausdrückt, „als Eigenschaft, Energieverwandlung zu vermitteln", andererseits aber, so auch gerade von HELMHOLTZ, als Synonym für den Begriff Energie. HELMHOLTZ ist freilich genügend exakter, mathematisch versierter Physiker, daß er nicht selbst Opfer dieser Doppeldeutigkeit wird. Er spricht z. B. von „Intensität der Kraft", um eine Verwechslung mit der „Quantität der Kraft" im Sinne von Energie zu vermeiden, aber die Unklarheit der verschiedenen Kraftbegriffe zeigt, daß die ganze Allgemeinheit des Energiesatzes noch nicht voll erkannt ist.

3. ENGELS notiert als Defekt des Kraftbegriffs: „Die Kraft gewöhnlich als selbständige Existenz behandelt", und er scheut sich nicht, HEGEL zu zitieren, der damals bei den Naturwissenschaftlern wegen der spekulativen Seite seiner Naturphilosophie in Acht und Bann getan war: „Es ist besser zu sagen, der Magnet habe eine Seele, als er habe die Kraft, anzuziehen; Kraft ist eine Art von Eigenschaft, die von der Materie trennbar, als ein Prädikat vorgestellt wird — Seele, dies Bewegen seiner, mit der Natur der Materie dasselbe". Der rationelle Kern ist hier der Hinweis auf die Einheit von Materie und Bewegung, die von der Physik der Zeit von Helmholtz und Engels wenn auch nicht verneint, so doch nur ungenau widergespiegelt wurde.

Gerade die Entwicklung der modernen Physik hat die Fruchtbarkeit dieses Gesichtspunktes des dialektischen Materialismus in ganz überwältigender Weise, wie es auch ENGELS nicht ahnen konnte, bewiesen. Es sei nur erinnert, an die Äquivalenz von Masse und Energie und den Begriff des quantenmechanischen Zustandes, der auch die Nullpunktsbewegung einschließt. Der alte Gegensatz von Kraft und Stoff wurde weiterentwickelt und aufgehoben in der Einheit von Teilchen und Feld, die beide in gleicher Weise materiell sind.

Wie Herr TREDER in seinem Beitrag zeigt, hat HELMHOLTZ wesentlich zur Vorbereitung der neuen Phase der Physik als Geburtshelfer beigetragen. Gleichzeitig aber war er auch Kind seiner Zeit, der Zeit des mechanischen Materialismus, der die Dualität von Kraft und Stoff eine Selbstverständlichkeit schien, der die Dialektik HEGELS wegen ihres idealistischen, spekulativen Charakters aufs äußerste suspekt war und die von dem sich in der sozialistischen Arbeiterbewegung bereits ausbreitenden dialektischen Materialismus noch keine Notiz glaubte nehmen zu müssen.

Literatur

H. v. HELMHOLTZ, Vorträge und Reden, Bd. I und II, Braunschweig 1884

H. v. HELMHOLTZ, Über die Erhaltung der Kraft, in: Wissenschaftliche Abhandlungen, Band I, Leipzig 1882

H. v. HELMHOLTZ, Einleitung zu den Vorlesungen über theoretische Physik, Leipzig 1903

H. HERTZ, Gesammelte Werke, III. Die Prinzipien der Mechanik, 2. Aufl., Leipzig 1910, S. XXIX

F. ENGELS, Dialektik der Natur, Berlin 1952

H. GRELL, Ordentliches Mitglied der AdW

Über das Helmholtz-Liesche Raumproblem

Zu den in den voraufgegangenen Darlegungen erwähnten HELMHOLTZschen Leistungen tritt noch ein für die mathematische Behandlung des Raumproblems äußerst bedeutsamer Beitrag, der seitdem in der Mathematik als das HELMHOLTZ-LIEsche Raumproblem bekannt ist. In der völligen Neuartigkeit der Fragestellung und ihrer Beantwortung sowie in seinen Auswirkungen kann er am besten durch eine Schilderung der hierhergehörigen differentialgeometrischen und gruppentheoretischen seitherigen Entwicklungen und seine Einordnung in sie verstanden werden.

I. Die Entwicklung der Reinen Infinitesimalgeometrie

Beeinflußt durch die ihm von HERBART (1776—1841) übermittelte, gegenüber der NEWTON-EULER-KANTschen geschmeidigere LEIBNIZsche Raumauffassung und in Fortführung der durch GAUSS (1777—1855), J. BOLYAI (1802—1860) und vor allem N. I. LOBATSCHEFSKY (1793—1856) entwickelten nichteuklidischen Geometrie hatte 1854 B. RIEMANN (1826—1866) in seinem berühmt gewordenen Habilitationsvortrag „Über die Hypothesen, welche der Geometrie zu Grunde liegen“ [1] den Begriff der n-dimensionalen lokal euklidischen, d.h. in der Umgebung eines jeden Punktes P_0 umkehrbar eindeutig und beiderseits stetig auf einen offenen Würfel des n-dimensionalen euklidischen Raumes R^n beziehbaren Mannigfaltigkeit und die Elemente einer in ihr gültigen Differentialgeometrie entwickelt. Davon interessiert hier nur, daß, anders als im euklidischen Raum R^n mit $ds^2 = [(dx)^1]^2 + \dots + [(dx)^n]^2$, die in der erwähnten Mannigfaltigkeit das Quadrat des Bogenelementes $ds^2 = g_{ij}(x_1, \dots, x_n)\,(dx)^i\,(dx)^j$ [1]) definierende metrische Fundamentalform mit

[1] Immer dann, wenn in einer Formel ein Index oder mehrere zugleich tief- und hochgestellt auftreten, soll einer seit langem geübten, auf EINSTEIN zurückgehenden Konvention zufolge auch ohne Angabe eines ausdrücklichen Summenzeichens über solche Indizes von 1, 2, ... bis n summiert werden. Anfänglich ist zur Unter-

in den unteren Indizes i, j symmetrischen Koeffizienten $g_{ij}(x_1,..x_n) = g_{ji}(x_1,\ldots,x_n)$ i. a. ortsveränderliche stetig differenzierbare Funktionen und nicht, wie im euklidischen Fall, gleichmäßig über die ganze Mannigfaltigkeit hin Konstante darstellen; beispielsweise können die g_{ij} als abhängig von den im physikalischen Raum verteilten Massen angenommen werden. Auch soll die erwähnte metrische Fundamentalform überall positiv für nicht sämtlich verschwindende Veränderliche $(\mathrm{d}x)^i$ (Positiv-Definitheit) sein. Das bedeutet, daß durch passende lokale Koordinatentransformation in jedem einzelnen Punkt P_0 der Mannigfaltigkeit, nicht jedoch durch eine Universaltransformation gleichzeitig in allen, die metrische Fundamentalform auf die schon oben erwähnte Normalform im euklidischen R^n gebracht werden kann, die Mannigfaltigkeit „im Kleinen“ also gleichsam immer noch als euklidisch angenommen wird. Zu jedem Punkt P_0 einer solchen Mannigfaltigkeit gehört in Abhängigkeit von dem in der Umgebung benutzten Koordinatensystem ein P_0 als Zentrum besitzender n-dimensionaler Vektor(=Tangential)raum, der durch n Grundvektoren $\boldsymbol{e}_i\,(P_0) = \boldsymbol{e}_i\ (i = 1, \ldots. n)$, die durch das jeweilige Koordinatensystem in natürlicher Weise eindeutig bestimmt sind, aufgespannt wird und dessen sämtliche Vektoren $\boldsymbol{x}$ also in der Form $\boldsymbol{x} = \xi^i \boldsymbol{e}_i$ [1] mit eindeutig bestimmten Vektorkomponenten ξ^i gegeben sind. Der italienische Mathematiker T. LEVI-CIVITÀ erkannte 1917, daß sich in so allgemeinen Mannigfaltigkeiten wie den RIEMANNschen im Infinitesimalen, d.h. durch Differentialgleichungen, der Begriff der Parallelverschiebung eines im Tangentialraum von P_0 befindlichen Vektors $\boldsymbol{x}$ erklären läßt [2]. Schon ein Jahr danach befreite H. WEYL [3] diesen bei LEVI-CIVITÀ noch von einer Einbettung der RIEMANNschen Mannigfaltigkeit in einen euklidischen Raum abhängig gedachten Prozeß von dieser Einbettungsvoraussetzung und schuf durch alleinige Benutzung der inneren Eigenschaften der Mannigfaltigkeit für einen $P_0 = P(x_1{}^0, \ldots, x_n{}^0)$ angehefteten Tangentialvektor $\boldsymbol{e} = \xi^i \boldsymbol{e}_i$ (Summation über $i = 1, \ldots, n$!) den Begriff der linearen Übertragung dieses Vektors an die „unendlich benachbarte“ Stelle $P(x_1 + (\mathrm{d}x)^1, \ldots, x_n + (\mathrm{d}x)^n)$ durch Aufstellung der Gleichungen einer linearen Übertragung

(1) $\mathrm{d}\xi^i = -\Gamma^i_{rs}\xi^r\,(\mathrm{d}x)^s$; $(i = 1, \ldots, n$; Summation über r und s!).

Sie besagen, daß die infinitesimale Änderung $\mathrm{d}\xi^i$ der Vektorkomponenten ξ^i außer von $\boldsymbol{x} = \xi^i \boldsymbol{e}_i$ in Gestalt der ξ^i und der durch $(\mathrm{d}x)^1, \ldots, (\mathrm{d}x)^n$ bestimmten Übertragungsrichtung abhängig ist von i. a. n^3 Ortsfunktionen $\Gamma^i_{rs} = \Gamma^i_{rs}\,(x_1, \ldots, x_n)$. Man kann zeigen, daß Parallelverschiebung, d.h. lineare Über-

stützung der mit diesem Gebrauch nicht vertrauten Leser durch entsprechende Zusätze im Text noch gelegentlich auf diese Verabredung hingewiesen worden.

[1] Vgl. Fußnote S. 69

tragung von x ohne Änderung seiner Komponenten ξ^i, sich durch Übergang zu passenden anderen Koordinaten $\bar{x}_i = f_i(x_1, \ldots, x_n)$; $(i = 1, \ldots, n)$ um $P_0 = P(x_1^0, \ldots, x_n^0)$ genau dann erreichen läßt, wenn in P_0 die Übertragungsfunktionen Γ^i_{rs} $(i, r, s = 1, \ldots, n)$ sämtlich in den unteren Indizes r und s symmetrisch sind, d. h. in P_0 der Bedingung $\Gamma^i_{rs} = \Gamma^i_{sr}$ genügen. Mannigfaltigkeiten mit ausnahmsloser Symmetriebedingung sollen affin-zusammenhängend heißen; genau sie ermöglichen gleichsam einen (entsprechenden Tendenzen der Physik analogen) Nahevergleich von Vektoren. Darüber hinaus beseitigte H. WEYL in der oben angegebenen Arbeit „Reine Infinitesimalgeometrie" den bei RIEMANN noch verbliebenen Fernvergleich von Strecken*längen* durch Einführung der „metrischen Übertragung" und damit des metrischen Zusammenhanges. Neben die die differentielle Metrik regulierende nichtausgeartete *quadratische* Differentialform für ds^2 tritt noch eine den Streckenübertragungsprozeß bestimmende *lineare* Fundamentalform $d\varphi = \varphi_i (dx)^i$ $(i = 1, \ldots n$; Summation !), in der die Funktion φ_i stetig differenzierbare Ortsfunktionen, im übrigen jedoch willkürlich sind. Für solche metrischen Räume allgemeiner Natur und nicht nur für RIEMANNsche gilt der *Hauptsatz der Infinitesimalgeometrie.* Er besagt, daß bei Vorliegen eines metrischen Zusammenhanges die zusätzliche Forderung, daß ein infinitesimal parallel verschobener Vektor auch zugleich infinitesimal kongruent, d. h. unter Erhaltung seiner Länge, verpflanzt werden soll, das System der Funktionen $\Gamma^i_{rs} = \Gamma^i_{sr}$, der Komponenten des affinen Zusammenhanges, *eindeutig* festlegt. (Vgl. hierzu [3], [4].)

Ausdrücklich sei zum Abschluß dieses Teiles unsrer Betrachtungen betont, daß eine Metrik immer als durch eine wenn auch nicht positiv-definite, so wenigstens nichtausgeartete Form (d. h. mit nichtverschwindender Koeffizientendeterminante) mit festem durch die Art des Raumes gegeben, hier nicht näher zu erläuternden „Trägheitsindex"[1] definiert gedacht ist, die eine *quadratische* Form ihrer Variablen darstellt. Weshalb gerade quadratische Formen und nicht solche vierten oder sechsten Grades oder andre alge-

[1] Man kann zeigen, daß eine nichtausgeartete quadratische Form $c_{ij}\, x^i\, x^j$ mit *reellen* in den unteren Indizes i, j symmetrischen konstanten Koeffizienten c_{ij} durch eine nichtausgeartete lineare Transformation $x^i = a^i{}_j\, x'^j$ mit reellen $a^i{}_j$ stets auf die Gestalt $d_i\, (x^i)^2$ gebracht werden kann, in der die Koeffizienten einzeln $d_i = 1$ oder $= -1$ sind. Die Anzahl p der positiven unter den d_i und die Anzahl q der negativen sind, unabhängig von den Transformationen der x^i in die x'^i, immer dieselben und allein durch die Ausgangsform $c_{ij}\, x^i\, x^j$ bestimmt. Bezeichnet n die Anzahl ihrer Variablen, so ist $n = p + q$. WEYL bezeichnet die Zahl q (abweichend von älterer Literatur) als Trägheitsindex. Unter der Signatur versteht man die Zahl $p - q$. Offenbar bestimmen sich Trägheitsindex und Signatur gegenseitig eindeutig.

braische Ausdrücke eine derart ausgezeichnete Rolle spielen, hat schon RIEMANN zu Überlegungen veranlaßt, die freilich nicht sonderlich überzeugend und zu keinem befriedigenden Resultat gediehen sind.

II. Das Helmholtz-Liesche Raumproblem und seine Lösung

Hier nun gerade setzen HELMHOLTZsche Gedanken ein. In Kenntnis des RIEMANNschen Habilitationsvortrages und mit Bezug auf ihn veröffentlichte HELMHOLTZ 1868 [8] eine Arbeit „Über die Tatsachen, die der Geometrie zum Grunde liegen". In ihr wird die Frage aufgeworfen: Durch welche Eigenschaften ist unter den (eo ipso metrischen) RIEMANNschen Räumen gerade der (dreidimensionale) euklidische ausgezeichnet? Die Antwort, die HELMHOLTZ gab und die dann unter den Händen des die erforderlichen mathematischen Hilfsmittel tragfähiger als HELMHOLTZ entwickelnden S. LIE (1842—1899) von dem HELMHOLTZ allein interessierenden dreidimensionalen sofort auf den n-dimensionalen Fall ausgedehnt wurde, lautet: Durch die Eigenschaft der unter der Gruppe aller kongruenten Abbildungen des Raumes auf sich bestehenden vollen Homogenität, wie sie beispielsweise im euklidischen R^3 dadurch zum Ausdruck kommt, daß ein in ihm befindlicher starrer Körper die volle freie Beweglichkeit besitzt. Genauer: Ist P ein Punkt mit einem durch ihn hindurchgehenden eindimensionalen orientierten Richtungselement e_1, durch das ein zweidimensionales orientiertes Richtungselement e_2 hindurchgeht ... bis hin zu einem $(n-2)$-dimensionalen orientierten Richtungselement e_{n-2}, durch das ein orientiertes $(n-1)$-dimensionales Richtungselement e_{n-1} hindurchgeht, und ist P' ein Punkt mit entsprechenden Vorgaben $e'_1, e'_2, \ldots, e'_{n-1}$, so soll durch geeignete Operationen aus der Gruppe der kongruenten Abbildungen P in P', bei $P = P'$ ebenso e_1 in e'_1, bei $P = P'$, $e_1 = e'_1$ weiter e_2 in e'_2 usw. bis hinab zu den $(n-1)$-dimensionalen orientierten Richtungselementen überführt werden können. Ist aber P, $e_1, \ldots, e_{n-1}$ gegeben, so gibt es außer der Identität keine kongruente Abbildung, welche dieses System inzidenter Elemente fest läßt.

Stellt man die soeben beschriebene Homogenitätsforderung zunächst einmal an die mit einem metrischen (stillschweigend durch eine nicht ausgeartete quadratische Differentialform gegebenen) Zusammenhang ausgestatteten affin-zusammenhängenden Mannigfaltigkeit, so ergibt sich durch weitere Überlegungen, daß a) die zu Grunde liegende metrische Fundamentalform positiv-definit und b) der Streckenwirbel überall Null ist. Es ergeben sich also als homogene metrische Räume zunächst RIEMANNsche, genauer, die durch eine reelle Zahl λ, die Krümmung, definierten RIEMANNschen Kugelräume. Sie ergeben für $\lambda > 0$ die sphärischen, für $\lambda < 0$ die BOLYAI-LOBATSCHEFSKYschen, für $\lambda = 0$ gerade die euklidischen Räume.

Unter der bisher immer vorausgesetzten Existenz einer quadratischen metrischen Fundamentalform wäre mit dem schon recht komplizierten Beweis dieses HELMHOLTZ-LIEschen Resultates die HELMHOLTZsche Frage schon beantwortet. Von um so größerem Interesse ist deshalb der Umstand, daß bei festgehaltenem Punkt $P = P'$, aber im obigen Sinne freier Beweglichkeit daselbst befindlicher orientierter Richtungselemente $e_1, \ldots, e_{n-1}$ in ebensolche $e'_1, \ldots, e'_{n-1}$ unter einer Gruppe homogener *linearer* Transformationen (was im Infinitesimalen immer erreichber ist) auf die notwendige, sich automatisch ergebende Existenz einer unter diesen Transformationen invarianten und positiv-definiten quadratischen Form geschlossen werden kann, die dann gerade die metrische Fundamentalform und mit ihr die Metrik des Raumes liefert. Es sei bemerkt, daß die genannten Transformationen zwar die positiv-definite quadratische Form invariant lassen. Sie bilden aber bei geeigneter, die positiv-definite quadratische Form auf die Gestalt der quadratischen Einheitsform bringender linearer Koordinatentransformation unter den dann diese Einheitsform invariant lassenden linearen Transformationen die (spezielle) Gruppe $SO(n)$ der (eigentlichen) euklidischen Drehungen, d. h. in der Gesamtheit $O(n)$ *aller* die quadratische Einheitsform invariant lassenden „orthogonalen“ Transformationen genau die Untergruppe $SO(n)$ derjenigen Matrizen aus $O(n)$, deren Determinante den Wert 1 hat.

Da eine positiv-definite quadratische Form $g_{ij}\,(\mathrm{d}x)^i\,(\mathrm{d}x)^j$ durch passende Koordinatentransformation stets auf die dem Satz des Pythagoras im R^n ententsprechende quadratische Einheitsform $[(\mathrm{d}x)^1]^2 + \ldots + [(\mathrm{d}x)^n]^2$ gebracht werden kann, so läßt sich, wenn man noch allgemeiner die durch eine nichtausgeartete quadratische Form definierte Metrik als pythagoräische Maßbestimmung bezeichnet, das Vorliegen einer solchen Maßbestimmung, insbesondere in der strengeren Gestalt der quadratischen Einheitsform als gängiger Form des pythagoräischen Lehrsatzes, als Folge der oben präzisierten Raumhomogenität begreifen. Durch dieses eo ipso erfolgende Hinzutreten einer pythagoräischen Maßbestimmung als Folge der Homogenität ist die von HELMHOLTZ äußerst originell gestellte Frage und seine bei den unvollkommenen, ihm zur Verfügung stehenden mathematischen Hilfsmitteln in divinatorischer Vorahnung gegebene Antwort eine besonders eindrucksvolle Leistung, die einen der schönsten und tiefsinnigsten Beiträge zur mathematischen Behandlung des Raumproblems darstellt. Zugleich werden damit, wenigstens für die metrisch homogenen Räume, die RIEMANNschen Gedanken über die Gründe des Auftretens gerade quadratischer als metrischer Fundamentalformen wenigstens in eine klarer bestimmte Richtung gelenkt.

III. Die weitere Entwicklung der Theorie der Lieschen Gruppen

Die Entwicklung der zur Beantwortung der HELMHOLTZschen Frage erforderlichen Theorie der LIEschen Gruppen vollzog sich bei ihrem Schöpfer trotz klarer Herausarbeitung der sogenannten drei Fundamentalsätze noch mit Mängeln, die hervorragende Mathematiker derselben Generation, z. B. G. FROBENIUS (1849—1917), Anlaß zu schärfster, den gesunden Kern freilich arg verkennender Kritik gaben. Durch die um 1930 erfolgte Herausbildung des Begriffs der topologischen Gruppe, vor allen durch PONTRJAGIN, wurde zwar die spürbarste Schwäche beseitigt ([9],[10]). Darüber hinaus aber hatte S. LIE bei der vorausgesetzten Mannigfaltigkeitsstruktur, der lokalen Euklidizität, seiner Gruppen Voraussetzungen über die differentielle bzw. analytische Natur der die Gruppenverknüpfung beschreibenden Funktionen machen müssen, die nicht durch die Natur der Sache gegeben waren. Obwohl schon 1900 D. HILBERT [11] ihre Entbehrlichkeit vermutungsweise ausgesprochen hatte, wurde sie in dem wünschenswerten allgemeinen Umfang doch erst 1952 durch GLEASON, MONTGOMERY und ZIPPIN ([11], [12]) bewiesen, nachdem wichtige Spezialfälle schon in den dreißiger Jahren durch PONTRJAGIN und J. v. NEUMANN erledigt worden waren. Es spricht m. E. für die Tiefe der HELMHOLTZschen Fragestellung, daß eine mathematisch einwandfreie und zugleich der Problematik sachlich entsprechende Beantwortung, je nach Betrachtungsweise, sechs bzw. acht Jahrzehnte erforderte. Neben diese innermathematische Fortführung der wesentlich auch durch HELMHOLTZ ausgelösten Ideen treten als direkte Weiterentwicklung die im Literaturverzeichnis unter [5] und [6] angegebenen Veröffentlichungen von H. WEYL zur Frage der pythagoräischen, d.h. durch eine nichtausgeartete quadratische Differentialform fester Signatur[1] festgelegten Maßbestimmung.

IV. Die Einzigartigkeit der pythagoräischen Maßbestimmung

Als solche nämlich wird die differentielle Metrik von H. WEYL beim Aufbau der „Reinen Infinitesimalgeometrie" ([3],[4]) in beliebigen, also im allgemeinen metrisch nicht mehr homogen affin-zusammenhängenden Mannigfaltigkeiten stets vorausgesetzt. Die bei metrisch homogenen Räumen geglückte Lösung des Raumproblems läßt die Frage aufkommen, ob nicht auch in dem gerade erwähnten allgemeineren Fall aus entsprechenden gruppentheoretisch formulierten Grundpostulaten die notwendige Existenz einer gegen-

[1] Vgl. Fußnote S. 71

über den Transformationen einer Gruppe invarianten, die Metrik regulierenden quadratischen Form erschlossen werden kann. Das ist nun, wie H. WEYL in [5], [6] und vor allem in [7] ausgeführt hat, tatsächlich der Fall. Entsprechend den in der modernen Physik bevorzugten und schon beim Aufbau der „Reinen Infinitesimalgeometrie" zur Geltung gekommenen Nahewirkungsprinzipien (vgl. etwa Gleichung (1)!) soll auch hier die Raumstruktur durch solche Aussagen charakterisiert werden, die jeweils einen Punkt P_0 einer affin-zusammenhängenden Mannigfaltigkeit $\boldsymbol{M}$ nur mit Punkten seiner „unendlich kleinen" bzw. einer genügend kleinen Umgebung in Verbindung setzen. Das bedeutet bei Verwendung der Theorie der LIEschen Gruppen den Über- und Wieder-Rück-Gang zwischen den Gruppen selbst und ihren zugehörigen infinitesimalen, d.h. die Formulierung der charakteristischen Bedingungen in Form von Differentialbedingungen etwa vom Typus des in (1) angegebenen Gleichungssystem.

Denkt man sich also bei einer affin-zusammenhängenden Mannigfaltigkeit $\boldsymbol{M}$ nach der definitionsgemäß vorhandenen lokalen Euklidizität einen Punkt P_0 mit einer Umgebung $U(P_0)$ umkehrbar eindeutig und beiderseits stetig auf einen offenen Würfel des n-dimensionalen euklidischen Raumes R^n bezogen, der um den hierbei gerade dem Punkt P_0 entsprechenden Koordinatenursprung des R^n zentriert ist ($P_0 = P(0,\ldots, 0)$), so ist der für eine gruppentheoretische Behandlung der Metrik grundlegende Begriff der der *kongruenten* infinitesimalen Verpflanzung der sämtlichen, im zentrierten Tangentialraum $\boldsymbol{T}(P_0) = \boldsymbol{T}(0,\ldots, 0)$ von $\boldsymbol{M}$ gelegenen Vektoren. Sind $\boldsymbol{e}_1 = \boldsymbol{e}_1(0,\ldots, 0),\ldots, \boldsymbol{e}_n = \boldsymbol{e}_n(0,\ldots,0)$ die durch das zu Grunde liegende Koordinatensystem der $x_1,\ldots,x_n$ dem Tangentialraum $\boldsymbol{T}(P_0)$ natürlicherweise aufgeprägten und von P_0 ausstrahlenden linear unabhängigen Basisvektoren, mittels derer sich jeder Vektor $\boldsymbol{x}$ aus $\boldsymbol{T}(P_0)$ eindeutig mit Komponenten ξ^i in der Gestalt $\boldsymbol{x} = \xi^i \boldsymbol{e}_i$ darstellen läßt, so handelt es sich darum, anzugeben,

A) welche unter den linearen Abbildungen von $\boldsymbol{T}(P_0)$ auf sich selber und

B) welche seiner linearen Abbildungen auf die Tangentialräume in den zu P_0 „unendlich benachbarten" Punkten P „kongruente" Abbildungen sind.

Zu A): Natürlich sollen diese Abbildungen eine Gruppe bilden, die, wie sich herausstellen wird, als „lokale Drehungsgruppe" $\boldsymbol{D}(P_0)$ in $\boldsymbol{T}(P_0)$ aufgefaßt werden kann. Da in einer affin-zusammenhängenden Mannigfaltigkeit *vor* jeder Einführung einer Metrik in jedem Tangentialraum $\boldsymbol{T}(P_0)$ das Volumen eines von n linear unabhängigen Vektoren $\boldsymbol{a},\ldots, \boldsymbol{a}_n$ aus $\boldsymbol{T}(P_0)$ durch die Determinante der Übergangssubstitution $\boldsymbol{a} = a_i^j\, \boldsymbol{e}_j$ von $\boldsymbol{a},\ldots, \boldsymbol{a}_n$ zu $\boldsymbol{e}_1,\ldots,\boldsymbol{e}_n$ ausgedrückt werden kann, also ein vor aller Kongruenz objektives Merkmal darstellt, so wird man für die Elemente aus $\boldsymbol{D}(P_0)$ die Erhaltung der Volumentreue fordern dürfen, was bedeutet, daß die Determinanten aller Matrizen aus $\boldsymbol{D}(P_0)$ den Wert 1 und infolgedessen die Matrizen der zu $\boldsymbol{D}(P_0)$ gehörigen infinitesimalen Gruppe $\boldsymbol{A}(P_0)$ sämtlich eine verschwindende Spur $S(\boldsymbol{A}(P_0)) = 0$, d.h. eine verschwindende Diagonalgliedersumme haben.

Zu B): Dehnt man die Gruppeneigenschaft auch aus

1. auf die kongruenten Verpflanzungen des Tangentialraumes $\boldsymbol{T}(P_0)$ auf die zu P_0 „unendlich benachbarten" Punkte P mit $\overrightarrow{P_0P} = ((\mathrm{d}x)^1, \ldots, (\mathrm{d}x)^n)$ und

2. auf die verschiedenen in einer kleinen Umgebung von P_0 gelegenen Punkte, so ergibt eine eingehendere Untersuchung folgendes:

B_1) Alle kongruenten Verpflanzungen von P_0 nach P entstehen aus einer von ihnen, K, durch Hinzufügen einer beliebigen „Drehung" in P_0, und die „Drehungsgruppe" $\boldsymbol{D}(P)$ in P geht aus $\boldsymbol{D}(P_0)$ durch „Transformation" mittels einer solchen kongruenten Verpflanzung K hervor: $\boldsymbol{D}(P) = K^{-1}\boldsymbol{D}(P_0)K$. Man drückt das so aus, daß sich die „Drehungs"gruppen in verschiedenen Punkten nur durch ihre „zufällige" „Orientierung" unterscheiden, aber als zueinander isomorphe und sogar unter geeigneten kongruenten Abbildungen K „konjungierte" Gruppen ($\boldsymbol{D}(P) = K^{-1}\boldsymbol{D}(P_0)K$) dieselbe „Natur" haben, die dem Raum vor aller materiellen Ausgestaltung und dann eben in der „Orientierung"sich bekundenden Konkretheit eigen ist.

B_2) Durch Hintereinanderausführung einer kongruenten Verpflanzung von $\boldsymbol{T}(P_0)$ durch eine Verschiebung $((\mathrm{d}x)^1, \ldots, (\mathrm{d}x)^n)$ und eine weitere $((\delta x)^1, \ldots, (\delta x)^n)$ ergibt sich eine kongruente Verpflanzung mit einer Verschiebung $((\mathrm{d}x)^1 + (\delta x)^1, \ldots, (\mathrm{d}x)^n + (\delta x)^n)$.

Ein System kongruenter infinitesimaler Verpflanzung von P_0 um $((\mathrm{d}x)^1, \ldots, (\mathrm{d}x)^n)$ ist dann, wie eine den zur Aufstellung der Gleichungen (1) führende ähnliche Überlegung zeigt, beschrieben durch ein Gleichungssystem

(2) $\mathrm{d}\xi^i = -\Lambda^i_{kr}\,\xi^k(\mathrm{d}x)^r\,;\ (i = 1, \ldots n)$.

Hierbei sind nach grundsätzlichen, am Beispiel des R^3 orientierten überlegungen die $\Lambda^i_{kr} = \Lambda^i_{kr}(P)$ reine Ortsfunktionen, die von vornherein keinerlei Beschränkung (außer etwa stetiger Differenzierbarkeit o. ä.) unterworfen sind.

Nunmehr lassen sich die gruppentheoretischen Postulate, aus denen die pythagoräische Natur der Metrik gefolgert werden kann, folgendermaßen formulieren, wobei ersichtlich die schon bekannte Lösung des HELMHOLTZ-LIEschen Raumproblems und der H. WEYLsche Hauptsatz der Infinitesimalgeometrie eine orientierende Rolle spielen:

G I) Wie immer in einem Punkt P_0 der affin-zusammenhängenden Mannigfaltigkeit $\boldsymbol{M}$ die lokale „Drehungs"gruppe $\boldsymbol{D}(P_0)$ gegeben ist, so ist die freie Deformierbarkeit des metrischen Feldes immer noch so weit vorhanden, daß bei *beliebig vorgegebenen* n^3 Ortsfunktionen $\Lambda^i_{rs}(x_1, \ldots, x_n)$ die Gleichungen (2) ein System infinitesimaler kongruenter Verpflanzungen darstellen.

G II) Denkt man daran, daß bei gegebenen metrischen Zusammenhang aus einer kongruenten Verpflanzung von P_0 nach dem infinitesimal benachbarten $P = ((\mathrm{d}x)^1, \ldots, (\mathrm{d}x)^n)$ durch Hinzufügen einer willkürlichen „Drehung" in P_0 wiederum eine (und zwar die allgemeinste) entsteht, die jetzt natürlich linear von der infinitesimalen Verschiebung $\overrightarrow{P_0P}$ linear abhängig sein muß, so wird man aus (2) ein neues (und auch jedes mögliche) System (2') erhalten, wenn man zu (2) eine durch (3) $\mathrm{d}\xi^i = -A^i_{rs}\, \xi^r (\mathrm{d}x)^h$ definierte infinitesimale Drehung hinzufügt.

G III) Unter allen diesen Systemen (2') kongruenter Verpflanzungen soll, dem jetzt als Postulat verwendeten Hauptsatz der Infinitesimalgeometrie entsprechend, *ein einziges* sein, das zugleich ein durch die Gleichungen (1) beschriebenes System einer Parallelverschiebung ist.

Anders: Bei beliebig vorgegebenen n^3 stetig differenzierbaren Ortsfunktionen $A^i_{rs}(x_1, \ldots, x_n)$ lassen sich die durch (3) beschriebenen infinitesimalen Drehungen mit den Ortsfunktionen $A^i_{rs}(x_1, \ldots, x_n)$ *eindeutig* so wählen, daß die $\Gamma^i_{rs} = A^i_{rs} + A^i_{rs}$ im Punkt $P_0 = P(0, \ldots, 0)$ der Symmetriebedingung $\Gamma^i_{rs} = \Gamma^i_{sr}$ genügen.

Es gelingt nun, durch Fortführung dieser Überlegungen die Forderungen G I), G II) und G III) in ein System von Postulaten G_1, G_2, G_3 allein für die n Matrizen $\|A^i_{r1}\| = A_1, \ldots, \|A^i_{rn}\| = A_n$ zu verwandeln, deren jede, wie nachzurechnen, durch ihre Elemente einen linearen Vektorraum der Dimension $N = 1/2\, n(n-1)$ aufspannt, wie es die bekanntlich schiefsymmetrischen Matrizen der infinitesimalen Drehungsgruppe im euklidischen R^n auch tun. Dann beweist H. WEYL mit Hilfe der allgemeinen Theorie der LIEschen Gruppen den *Satz von der Einzigartigkeit der pythagoräischen Maßbestimmung: Eine den Bedingungen G_1, G_2, G_3 genügende infinitesimale Gruppe linearer Abbildungen des Tangentialraumes $\boldsymbol{T}(P_0)$ besteht g e n a u aus den sämtlichen infinitesimalen linearen Transformationen, die eine gewisse nichtausgeartete quadratische Form invariant lassen.*

Man kann in Erinnerung an die spezielle quadratische Einheitsform im euklidischen R^3 in diesem Resultat die „Rechtfertigung" eines verallgemeinerten pythagoräischen Satzes aus den Prinzipien der Reinen Infinitesimalgeometrie erblicken. Auch erfährt die Bezeichnung „lokale Drehungsgruppe" für die auf S. 75f. verwendete Gruppe $\boldsymbol{D}(P_0)$ durch diese Invarianz einer quadratischen Form, die natürlich differentiell das Quadrat des Bogenelementes definiert, ihre nachträgliche Rechtfertigung.

Genau in diesem Resultat, dessen Beweis bis heute nach H. WEYLS eigenen Worten teilweise einer mathematischen Seiltänzerei, nicht aber einem in der neueren Mathematik nach Möglichkeit angestrebten, auf begrifflich durchsichtige Eigenschaften geeigneter mathematischer Strukturen gegründet ist, kann die Ausdehnung des durch v. HELMHOLTZ 1868 erstmals für homogene Räume gewonnenen Resultates auf die viel umfassendere Klasse der nicht mehr homogenen Räume der Reinen Infinitesimalgeometrie erblickt werden. Sie werden mit mir übereinstimmen, wenn ich sage, daß nur eine schon im Ansatz so grundsätzliche und von vornherein in bis dahin ungewöhnliche mathematische Tiefen greifende Fragestellung im Verlauf der folgenden sechs Jahrzehnte zu einem Resultat führen konnte, das bis heute nicht nur rein mathematisch, sondern auch vom Standpunkt der allgemeinen Raumtheorie und Erkenntnislehre zu den allertiefstliegenden gehört.

Literaturverzeichnis

[1] B. RIEMANN, Über die Hypothesen, welche der Geometrie zu Grunde liegen. Math. Werke (2. Aufl.) Leipzig 1892, Nr. XIII, S. 272—287.

[2] T. LEVI-CIVITÀ, Nozione die parallelismo in una varietà qualunque ...; Rendiconti del Circulo Matematico di Palermo, t. 42 (1917).

[3] H. WEYL, Reine Infinitesimalgeometrie. Math. Zeitschrift **2** (1918), S. 384—411 = Ges. Abhandlungen Bd. II, Berlin-Heidelberg-New York 1968. S. 328—344.

[4] H. WEYL, Raum, Zeit, Materie. V. Aufl., Berlin 1923.

[5] H. WEYL, Die Einzigartigkeit der Pythagoreischen Maßbestimmung. Math. Zeitschrift **12** (1922), S. 114—146 = Ges. Abhandlungen Bd. II, Berlin-Heidelberg-New York 1968, S. 263—295.

[6] H. WEYL Das Raumproblem. Jahresbericht der Deutschen Mathematiker-Vereinigung Bd. 31 (1922), S. 205—221 = Ges. Abhandlungen Bd. II. Berlin-Heidelberg-New York 1968. S. 328—344.

[7] H. WEYL, Mathematische Analyse des Raumproblems. Berlin 1923.

[8] H. v. HELMHOLTZ, Über die Tatsachen, die der Geometrie zum Grunde liegen. Nachr. v. d. Königl. Ges. d. Wissenschaften und der Georg-Augusts-Universität aus dem Jahre 1868, Nr. 9, S. 193—221 = H. v. Helmholtz: Über Geometrie, Reihe „Libelli" Bd. CLXXVII, Darmstadt 1958, S. 32—60.

[9] L. S. PONTRJAGIN, Topologische Gruppen, Teil I, Leipzig 1957; Teil II, Leipzig 1958; hier insbesondere in Teil II Kapitel VII und X.

[10] C. CHEVALLEY, Theory of Lie Groups I, Princeton 1946; hier insbesondre Kap. I, III, II, IV.

[11] P. S. ALEXANDROV (= P. S. Alexandroff) (Autorenkollektiv), Die Hilbertschen Probleme (Vortrag von D. Hilbert „Mathematische Probleme" auf dem 2. Internationalen Mathematikerkongreß Paris 1900 nebst Kommentaren eines Autorenkollektivs unter Leitung von P. S. Alexandrov); Ostwalds Klassiker der exakten Wissenschaften, Bd. 252, Leipzig 1971. Hier vor allem Hilbertsches Problem 5 (S. 43—47) nebst Kommentar von E. G. Skljarenko: Zum fünften Hilbertschen Problem, S. 126—144.

[12] D. MONTGOMERY — L. ZIPPIN, Topological Transformation Groups; New York 1955 (= Interscience Tracts in Pure and Applied Mathematics, Tract 1); hier insbesondre 2.15 und 4.10.

Inzwischen haben wir gelernt, auch Vorgänge im Atomaren und Molekularen zu verstehen und zu nutzen.

Die mikroskopischen Geschehnisse werden von uns mittels makroskopischer Geräte genutzt. Für diese ist aber die HELMHOLTZsche Physik zuständig. Damit dürfte die Aktualität der HELMHOLTZschen Physik auch in unseren Tagen gegeben sein.

Literatur

L. KOENIGSBERGER, H. v. Helmholtz, Bd. I—III, Braunschweig 1903.
E. HAGEN, 25 Jahre Physikalisch-Technische Reichsanstalt, Berlin 1906.

FSC
www.fsc.org
MIX
Papier | Fördert gute Waldnutzung
FSC® C083411

Zeitfracht Medien GmbH
Ferdinand-Jühlke-Straße 7
99095 Erfurt, Deutschland
produktsicherheit@kolibri360.de